水土保持与生态文明研究

吕爱霞　郭晓燕　赵　欣　编著

吉林科学技术出版社

图书在版编目（CIP）数据

水土保持与生态文明研究 ／ 吕爱霞，郭晓燕，赵欣
编著． -- 长春：吉林科学技术出版社，2023.3
ISBN 978-7-5744-0206-5

Ⅰ．①水… Ⅱ．①吕… ②郭… ③赵… Ⅲ．①水土保
持－研究－中国②生态环境建设－研究－中国 Ⅳ．
① S157 ② X321.2

中国国家版本馆 CIP 数据核字（2023）第 061833 号

水土保持与生态文明研究

编　著	吕爱霞　郭晓燕　赵　欣	
出 版 人	宛　霞	
责任编辑	赵维春	
封面设计	树人教育	
制　版	树人教育	
幅面尺寸	185mm×260mm	
开　本	16	
字　数	250 千字	
印　张	11.5	
版　次	2023 年 3 月第 1 版	
印　次	2023 年 3 月第 1 次印刷	
出　版	吉林科学技术出版社	
发　行	吉林科学技术出版社	
地　址	长春市南关区福祉大路 5788 号出版大厦 A 座	
邮　编	130118	

发行部电话／传真　0431—81629529　　81629530　　81629531
　　　　　　　　　81629532　　81629533　　81629534

储运部电话　0431—86059116

编辑部电话　0431—81629520

印　刷	廊坊市广阳区九洲印刷厂
书　号	ISBN 978-7-5744-0206-5
定　价	70.00 元

编委会

前言

　　水土保持是生态环境建设的主体和基础，生态环境是土、水、光、热等和生物群落的有机组合，从而构成相对稳定的自然整体。生态系统的平衡往往是大自然经过了很长时间才建立起来的动态平衡，一旦受到破坏，有些平衡就无法重新建立，所带来的恶果可能是人类的努力无法弥补的。如果水土保持工作做不好，形成的水土流失必然影响生态系统内相应的协调关系，导致生态环境平衡的破坏以致恶化。因此只有密切关注到水土保持与生态环境之间这种互为依托的关系，才能做好水土保持与环境建设。

　　《水土保持与生态文明研究》一书从基础理论入手，详细说明了水土保持的重要性及其对经济、社会、生态等方面的影响，进而过渡到生态工程上讲述水土保持过程中所涉及的技术等，最后综合阐述水土保持与构建生态文明之间在管理建设和可持续发展层面的措施及成效。本书也是希望通过对水土保持和生态文明这两个大的方面进行系统的研究分析，从而为广大需要查阅该方面内容的读者提供可借鉴参考的相关资料。

目　录

第一章　绪论

第一节　水土保持概述

一、水土保持的概念及功能

水土保持是指对自然因素和人为活动造成水土流失所采取的预防和治理措施。它包括治坡工程（各类梯田、台地、水平沟、鱼鳞坑等）、治沟工程（如淤地坝、拦沙坝、谷坊、沟头防护等）和小型水利工程（如水池、水窖、排水系统和灌溉系统等）。水土流失规律是水土保持的基本理论依据，要做好水土保持，首先要弄清楚什么是水土流失，只有了解水土流失的发生发展过程，认识水土流失的类型、形式及其危害，才能因害设防，因地制宜制定水土保持规划，配置水土保持措施，做好水土保持工作，达到综合治理的目的。

水土保持是一项综合性很强的系统工程，水土保持工作主要有 4 个特点：一是其科学性，涉及多学科，如土壤、地质、林业、农业、水利、法律等。二是其地域性，由于各地自然条件的差异和当地经济水平、土地利用、社会状况及水土流失现状的不同，需要采取不同的手段。三是其综合性，涉及财政、计划，环保、农业、林业、水利、交通、建设、经贸，司法、公安等诸多部门，需要通过大量的协调工作，争取各部门的支持，才能搞好水土保持工作。四是其群众性，必须依靠广大群众，动员千家万户治理千沟万壑。

水土保持在保水固土、培肥地力、涵养水源、调节径流等基础上，具有防灾减灾、保护和培育资源、改善生态等功能。

（一）防灾减灾，保护水土资源功能

一是小流域综合治理开发体系中各种高标准、高质量的水土保持工程，能够层层拦蓄径流，发挥缓洪削洪的作用，为防洪安全创造了条件。二是坡面治理开发体系的

保土蓄水作用好，增强了抗旱和防洪的能力。坡面工程措施体系能有效地拦蓄暴雨径流和减少地表径流的汇集。坡面植物体系能起到固结土壤、截蓄雨水、消减暴雨击溅强度的作用，大大降低了土壤侵蚀模数和输沙量。由于坡面水系工程延长了汇流时间，对下游水库、塘坝调洪错峰起到了重要作用。三是沟道治理开发体系的拦沙缓洪作用显著，完整的小流域沟道治理体系可削减洪峰流量的 60%~80%。

（二）开发利用，培育资源功能

一是增加水资源利用率。通过修建蓄水工程，增加径流拦蓄能力，调节和重新分配径流，提高径流和降雨的利用率。二是增加可利用的土地资源。结合综合治理，提高耕地的开发程度，充分挖掘荒山、荒坡、荒沟、荒滩等资源潜力，增加梯田。坝地、水田等高产稳产基本农田面积。三是增加植被覆盖。通过调整土地利用结构，改变农林牧用地不合理的状况，增加林草地比重，封山育林育草，达到改善生态环境的目的。

（三）改善生态，恢复生态自我调节功能

开展水土流失防治的过程，就是对生态系统的重建和维护过程。当不合理的经济活动导致严重的水土流失、生态系统遭到严重破坏且难以自我修复时，水土保持可以促进其重建和恢复。当生态系统的结构恢复到一定程度，形成自我修复能力时，则可以通过封禁保护，减小干扰，实现其自我良性发展。

（四）优势互补，发展经济功能

结合流域或地区的生产布局，科学配置各项治理开发措施，使工程措施体系成为保护和利用资源的基础，也使植物措施体系成为培育资源和开发利用资源的条件。坡面治理开发与沟道治理开发相结合，按不同层次，不同部位合理配置治理开发措施，实行立体开发；植物措施体系与工程措施体系相结合，发挥开发利用资源的互补效应；种植林草与封禁治理相结合，增加持续利用的再生资源；田间工程措施体系与农业耕作措施体系相结合，发展优质高效农业。最终变水土流失区为经济小区和商品生产基地，促进农村经济社会发展。

（五）改善生存环境，促进社会进步功能

水土保持建设不仅改善了山区农业生产条件，而且极大地改善了群众的生活条件，提高了群众的生活质量，加快了社会进步。

二、水土保持的基本内涵

预防和治理水土流失是水土保持的基本内涵，是水土保持的精髓。预防水土流失就是通过法律的、行政的、经济的、教育的手段，使人们在生产活动、生产建设中，尽量避免造成水土流失，更不能加剧水土流失。

水土保持的主要措施可归纳为三：一是坚决禁止严重破坏水土资源的行为，如禁止毁林开荒等；二是严格控制可能造成水土流失的行为，并要求达到法定的条件，如实行水土保持方案报告审批制度等；三是积极采取各种水土保持措施，如植树造林等，防止新的水土流失的产生。

治理水土流失就是在已经造成水土流失的区域，采取并合理配置生物措施、工程措施和蓄水保土耕作措施，因害设防，综合整治，使水土资源得到有效保护和永续利用。"防"和"治"应以介入时段来界定。"防"是事前介入，一是防止新的水土流失产生，二是控制新的水土流失使现有水土流失加剧，属于积极主动的措施；"治"是事后介入，遏止现有水土流失的继续，减轻现有水土流失，属于消极被动的措施。水土保持的基本内涵如下：

（一）径流调控是水土保持的精髓

水土保持虽然与其他学科互相交叉、互相渗透，但是它与其他学科的最大区别是能够科学调控和合理利用坡面径流，按照径流调控理论，削弱导致水土流失的原动力，在同降雨条件下，有序地聚集和分散坡面径流，实现控制水土流失和保护水土资源的目标，而为实现这个目标不是单一的治理措施和单一的工程所能达到的，只有以小流域为单元，进行综合治理。

（二）水土保持和其他学科的联系

水土保持与其他学科是相互渗透、相互吸取的，它从单纯的土壤学扩大到生物、地学，现如今又与环境科学、工程科学、信息科学交叉，与社会科学、水环境、全球气候变化联系。例如：水土保持在防、治、管等方面引用高新技术，预防、监督执法采用量化的新技术；监测、预报采用遥感技术；治理采用一些新设备、新材料和引进一些适生的高效植物新品种；规划应用水保软件等。水土保持正在逐步演变成一个涉及物理。化学、数学、计算机、气象、水利、农业、林业、资源、环境、社会经济等的综合学科。

（三）水土保持领域的扩充

社会上人们一般认为水土保持只涉及山区、丘陵区、风沙区是纯粹和农业打交道的工作，但现在水土保持正逐渐向非农领域和平原延伸。在城市、交通、矿山等领域的开发建设中，人为造成的水土流失是严重的，这就要求在开发建设上述项目的同时，还要做好水土保持工作，但由于治理范围的限制，所采用的治理方式就会不同，但基本原理和基本措施还是相通的。就是疏导、分流、拦截地表径流和降雨防止造成水土流失。同时还要求对于边坡、矿渣、弃土石场的治理，不仅要考虑雨水的出路问题，还要考虑到风蚀的问题，在治理措施上，不仅要有坚固的水土保持工程，还要注意工程与植物的巧妙搭配，在治理水土流失的同时取得良好的景观效果。

（四）水土保持的作用

水土保持的综合治理对生态环境的作用和影响是不可估量的。水土保持综合治理能有效改善治理区的生态环境，降低土壤侵蚀模数，增加林草覆盖率，提高空气质量，还能有效拦蓄降水，拦截泥沙入河。同时，对于缓解山丘区，农村人、畜饮水困难，减少洪涝灾害和抵御旱灾都有着积极的作用，并且能为治理区域的农、林、牧业创造良好条件，为增加群众收入，使群众尽快走致富道路提供有力的支撑。

第二节　水土保持的意义

我国自然条件复杂、生产力总体水平不高、生态环境脆弱、水土流失严重，因此水土保持工作面临着严峻挑战和突出问题。例如，生产建设过程中急功近利、忽视生态保护的现象仍较为普遍，造成严重的人为水土流失；不少地方仍然存在陡坡开垦、顺坡耕作、超载过牧的现象，导致土地生产力下降，生态恶化，水土资源可持续性削弱；生产建设项目水土保持方案申报率、执行率和水土保持设施验收率仍然偏低，有法不依执法不严、违法不究、知法犯法的现象较为普遍；水土流失防治工作涉及多行业、多部门，必须加强部门和行业之间的协调与配合。保护水土资源既是保护现实生产力，也是保护可持续发展能力；既是维护人民群众的切身利益，也是维护子孙后代的长远福祉。我国的基本国情，现阶段的突出环境问题和水土流失的严峻形势，决定了加强水土保持、防治水土流失，已成为一项重大而紧迫的战略任务。

1. 加强水土保持是搞好江河治理和保障防洪安全的迫切需要

水土流失造成大量泥沙下泄、淤积江、河、湖、库，降低了水利设施调器功能和天然河道泄洪能力，加剧了下游的洪涝灾害。

2. 加强水土保持是保护水土资源和保障经济社会可持续发展的迫切需要

水是生命之源，土是生存之本。水和土是人类赖以生存和发展的基本条件，是不可替代的基础资源。在自然条件下，生成 1cm 厚的土层平均需要 120~400 年的时间；而在水土流失严重地区，每年流失的土层厚度均在 1cm 以上。因此，水土流失问题已引起了世界各国的普遍关注，联合国也将水土流失列为全球三大环境问题之一。我国人多水少，人地矛盾突出，水土流失进一步加剧了这一矛盾。加强水土保持，有助于涵养水源和培育地力，促进水土资源高效集约利用，是保护水土资源最直接、最有效的措施，是保障经济社会可持续发展的重要手段。

水土流失与贫困互为因果，我国经济最贫困地区往往也是水土流失最严重地区，全国 76% 的贫困县和 74% 的贫困人口生活在水土流失严重区。不少水土流失地区由于长期掠夺式生产经营，土地生产力大幅度下降，往往陷入生态恶化与贫困相互交织的恶性循环。没有水土流失区农民的小康，也不可能实现全国农民的小康。水土流失治理以解决群众生计问题为前提，以改善农业基础条件为切入点，不仅能够有效地改善山区群众生产生活条件，为山区实现粮食自给提供重要保障，而且能够促进农业结构调整，提高农业综合生产能力，增强农民持续增收能力，促进水土流失区经济发展和生态改善。

3. 加强水土保持是改善生态环境和建设生态文明的迫切需要

水土保持是生态建设的主体，是经济社会发展的生命线。保持水土，维护生态安全，意义重大，刻不容缓。生态文明建设要为经济建设、政治建设、文化建设、社会建设创造良好的环境条件和基础，经济建设、政治建设、文化建设、社会建设要促进和保障生态文明建设。要研究新形势下水土保持的对策与措施；要深化生产建设项目管理，在资源节约中发挥重要的调控和监管作用；要加强水土保持生态建设，在生态系统保护中发挥积极推动作用；要建立并实施水土保持政府目标考核制，实施最严格的水土保持生态保护制度、完善水土保持功能补偿制度、建立水土保持危害事件责任追究制度，推动生态文明新机制和新体制的建立。水土流失不仅使水土资源遭到严重破坏，也是造成面源污染的重要原因。据中国水土流失与生态安全科学考察估算，每年水土流失给我国带来的经济损失相当于 GDP 的 2.25% 左右，带来的生态环境损失难以估算。强化水土保持工作，改善生态环境，是维护国家生态安全、建设生态文明的重大战略措施。

4. 加强水土保持是生态文明建设和水土保持治理三个结合的迫切需要

建立"政府投入为主，市场投入为辅，公众积极参与"的多元化水土保持和生态环境保护的投融资机制。小型、微型水土保持生态建设工程，尝试按照"谁投资、谁所有、谁受益"的原则，放开建设权，搞活经营权，广泛吸纳社会资金，采取"四荒地"拍卖、承包、土地流转等多种有效形式；大中型水土保持生态建设工程则应按照"管养分离"的政策，明确投资主体、管理主体。为此：

一是小流域综合治理与生态修复相结合，生态修复和小流域综合治理都是水土保持工作的重大举措，在水土流失重点区，除了实施综合治理外，在地广人稀、降水条件适宜、水土流失轻微的地区，应实施以封育保护为主的生态自我修复工程。通过综合治理与自然修复相结合，加快水土流失防治的步伐调整农村产业结构，转变农业生产方式，促进生态环境的改善和区域经济的发展。

二是梯田建设与径流控制相结合。在有条件的地方，除发展小型水利工程外，要充分发挥径流调控体系的作用，科学修建水窖、涝池、蓄水池、谷坊、塘坝等水土保持工程。就近拦蓄利用降水产生的径流，为梯田林果等提供生态用水，通过梯田工程与径流利用工程有机结合，实现基本农田的集约化经营。

三是工程措施与生物措施相结合。依据自然规律，实行山坡沟水路田统一规划，综合治理，优先建设坡面径流聚集工程，鱼鳞坑整地以及沟道拦蓄工程，为林草提供生长环境，达到以工程保生物，以生物护工程，通过工程措施与生物措施相结合，实现退耕还林和生态环境的改善。

总之，无论从经济社会发展的全局看还是从水土流失地区发展的局部看；无论从当前看还是从长远看，水土保持在我国经济社会发展中都具有重要的战略地位。我们要深刻认识水土流失问题的复杂性和危害性，进一步增强做好水土保持工作的责任感和紧迫感，毫不动摇地坚持水土保持的基本国策，推动经济社会全面协调可持续发展。

第三节　水土流失保护性开发治理

一、水土流失规律研究

地表水土的流失与地球表层在受到风化后在重力、水、风、冰冻等外营力的侵蚀、搬运和堆积运动有关。地表的地貌体是水土资源的载体，因而水土的运行规律，也将遵循地貌体的发生发展演化规律。地貌学是研究地表形态特征、结构及其演化分布规律的科学。作为地貌体表层的水土，必定按其规律发生、发展和分布，地貌学理论与应用是防治水土流失、进行水土保持的重要理论基础之一。水土流失的地貌学成因理论的研究内容是根据水土所遭受的不同营力的作用过程来划分的，它们主要有以下几个方面：

（一）坡地重力侵蚀作用

坡地重力侵蚀作用往往产生于坡地边缘尤其是陡峻的坡地边缘。其侵蚀方式一般有以下几类：

1. 撒落

即分布于崖坡边缘的松散颗粒或碎屑在重力作用下坠落。

2. 块体的崩落或错落

因崖边坡块体与基体间有裂隙，使块体不稳定而崩落或错落。以上两类重力侵蚀往往是经常、普遍地发生于陡崖多松散风化物或崖边多张裂隙的崖壁。其显示的地貌特征是产生崩塌崖壁和其下的崩积堆（或称倒石堆）。可以通过其上的生物特征、风化程度和规模判别其流动性，流动量的时间和范围。护坡围崖用生物工程围堆，大面积严重崩落地区一般应避绕，中小型一般用钢筋混凝土固基。

3. 滑坡

坡地块体在重力与水共同参与下，在滑坡与基座之间形成了滑动面的瞬间，坡地大块岩土下滑往往造成大量水土流失及人民生命财产的损失。由于滑坡产生往往有其发育过程：蠕动形变、瞬间滑移和停息三个阶段，经历了一个相当长的时间，并在每阶段都有其地貌特征表现，是可以量测判断的。大的滑坡灾害的产生可以预测预报，也是可以避绕的。而较小滑坡体可以通过长期建设生物工程、排水工程、拦挡土石的混凝土墙坝等保护人民生命财产。

4. 泥石流

山地中含有大量松散固体碎屑的洪流，是一种两相流体。只要定性、定量地把握住固体泥石流物质所处的临界状态，泥石流水体集中暴雨、快速冰雪融化和冰湖溃坝的量级和时间，形成泥石流的沟谷临界坡度，以及控制住人类自身可能引发的泥石流因素，泥石流的防治与预测预报是有可能实现的。

（二）坡地沟谷水流侵蚀作用

坡面水流使部分颗粒从土中分离出来，并随水流搬运。由于大气降水在坡地，雨水的溅击使片状水流在平缓坡地携带细小土粒向坡下流失，形成初始浅缓、深度小于10cm的"V"形称纹沟，可以为犁耕填平，此时坡面用生物固水土即可行。汇水继续集中下切深度大于10~20cm的"V"形称细沟，此难以用犁耕填平时，可用土堰谷坊等固水土。流水于沟内进一步集中，形成沟谷切深达大于50cm，宽度1m的"V"形称切沟，水土流失加大，此时以灌草丛并与建坝地结合固水土。多支细切沟的汇集，当沟谷深切达1~2m，宽2~3m时，形成冲沟，可切入地下潜水区，增加流量，沟谷的侵蚀基准低于沟底，使沟谷除下蚀外，同时有侧蚀、溯源侵蚀。坡地流水汇集，切割地表，形成分水岭集水线，由此产生不同类型、级别的水系和流域，此时流域内坡面需生态与土木工程同时并举，排水沟、淤坝地、蓄水池、堤坝、挡墙同时实施，坡边、坡顶立体生物工程以保护生态环境。

在黄土地区物质松散，更有必要在陕甘一带的黄土沟壑纵横地区，采取一系列措施对坡地水土流失进行治理，已取得较好的效果。隔坡梯田较同类地区连坡梯田粮食产量增加750kg/hm^2，较同类地区坡耕地粮食产量增加1500kg/hm^2。隔坡带饲草产量48000kg/hm^2，较同类地区坡地产草量增加22500kg/hm^2（见表1-1）。

表1-1 1hm^{2}修筑连坡梯田与隔坡梯田效益对照分析表

项目	连坡梯田	隔坡梯田	增减	
水平梯田面积（hm^2）	0.85	0.28	0.57	
平整梯田投资（万元）	0.3825	0.126	-2565	-2308.58
种草投资（万元）	0	256.5	256.5	
粮食产量（kg）	1912.5	840	1071.5	
增加饲草（kg）	0	27360	27360	
增加收入（万元）	2295	4291	1996	

从表1-2宁夏园河流域东川、姚沟、小川子、魏吉户、灰条沟、白家风沟等8条

小流域坝地产量在粮食总产中的比重统计分析，坝地单位产量一般为 5000kg/hm²，有的高达 8000kg/hm²，是坡地产量的 4~6 倍，是梯田产量的 2~3 倍。从表 1-2 可以看出，坝地面积在小流域总面积中占的比例在 10% 左右，在粮食总产中坝地产量达到 30% 以上。实践证明，在坡地水流由片状逐渐转为线状为主时，严格把握沟谷的侵蚀基准面，保证其稳定，水土保持措施往往是成功和有效的。

表1-2　不同小流域坝地产量在粮食产量中所占的比重

小流域名称	坝地面积占粮田面积比（%）	坝地产量占总产量比（%）	小流域名称	坝地面积占粮田面积比（%）	坝地产量占总产量比（%）
东川	5.78	22.7	灰条沟	18.6	53.1
姚沟	7.64	28.6	白家风沟	14.3	38.6
小川子	10.38	43.2	野鸡凤川	10.2	32.3
魏吉户	9.3	41	术家川	9.58	31.8

3. 河流侵蚀作用

暂时性河流与经常性河流之间、山地河流与平原河流之间都存在着不同的侵蚀方式、速度。但是，河流在侵蚀—搬运—堆积之间都有着相对的平衡，也就是说都有着各自的自动调节能力。但自动调节能力是有一定限度的，干预因素远远超过了该系统的阈值时，自动调节能力受到破坏。这集中表现为河流的水沙运动失调。水流的剧烈冲蚀包括下蚀、侧蚀和溯源侵蚀，使大量河岸土地被毁。而上游沟谷大量泥沙进入河流，使河床淤高，同时水库、湖泊的淤积，使调蓄综合功能顿然消失。从河流的侵蚀堆积（即冲淤）的理论分析看，归根结底还是河流流域的侵蚀基准面的调整问题，当其调整到适当位置，使河流的纵剖面达到相对平衡时，河流的水沙也就相应达到平衡，相反，则出现冲刷淤积。河流侵蚀基准面的调整、直接或间接影响到水流、水流速度及其切割河谷的深度、宽度、长度、谷坡的坡降、水流所携带的泥沙粒径和数量等，它集中敏锐地反映在河谷中泥沙与水能平衡问题中。

4. 喀斯特地区的侵蚀作用

由于可溶性的水作用于可溶岩地区，使区内水土流失产生。根据喀斯特分布状态和范围以及其侵蚀性水流的流动速度、状态和规律，可预计可能因溶蚀作用产生的水土流失灾害的程度和危险程度。其中最为重要的基础理论就是要把握区域内的溶蚀基准面位置及性状特征。地下的溶蚀作用引起的水土流失灾害要比地上的溶蚀作用引发的水土流失灾害隐蔽得多，危险性更大。溶蚀基准面的变化，决定了该范围内溶蚀作用特性，决定了因溶蚀作用产生的漏斗、溶洞、地面崩塌、地下暗河、地下湖等溶蚀地貌的形式。分布和破坏速度，进而可预测区域内喀斯特灾害的分布范围和发展方向与速度。

5. 风沙侵蚀作用

如今，世界存在严重的荒漠化环境问题，即在半干旱湿润区由于不合理的人类活动，如盲目垦荒、过度樵采、放牧等破坏的建设，使土地退化，生产力下降以致完全丧失。

世界直接受荒漠化灾害的人口在 2.5 亿以上。由于风蚀作用，产生了许多不同类型的荒漠地貌，根据它们的不同类型、迁移方式、地貌的特征及其发育分布，可判别风力侵蚀的范围、方向、灾害程度和预测其发展趋势。世界和我国诸多的著名生态防风林带工程就是在这种理论体系指导下建立的，中卫固沙林场治理沙漠即是一例。

6. 高山、高纬度寒冷地区的冰雪冻融作用

现代冰川的进退和古冰川分布遗迹直接影响人们生存的空间范围和土地的利用，雪崩和雪蚀作用以及广阔的冻土地域内的冻融作用形成复杂的土地类型，土地质量低劣、生产力下降。尤其是在全球气候变暖的趋势下，应当充分估计与解决可能带来的冻土融化、海水入侵使沿海或内陆地区的土地盐碱化、潜育化面积扩展的问题。我国源于西部冰雪地区的河流，因冰川退缩，而人类开发流动增强，使水源供给量减少而产生断流的危机。因此，探求冰雪、冻融作用及其地貌发育的规律是该区当务之急。

7. 海岸带风暴潮及波浪、潮汐作用

全球变暖、世界海面普通上升，沿海岸带的大规模土地开发已使许多地区海水入侵，土地丧失，海洋生物资源破坏并造成了严重的环境问题。海岸带受海陆各类动力的综合作用：陆地上河流以及人类活动的作用，海洋的波浪作用，突然的风暴作用，受月球引力下的潮汐进退流以及洋流作用等。海岸带有着自身的地貌发育规律，从沿岸地貌的发展演化，可为人们提供区域泥沙的古代、现代和未来的冲淤动态规律，其中现代沉积动力地貌的特征、结构、发育演化与分布的规律，提供人们了解过去、把握今天、展望未来的信息。海岸是重要的资源之一，是沿海人民赖以生存和进行生产活动的重要场所，也是国民经济发展的重要依托。但是，海岸侵蚀不仅造成宝贵的土地流失、财产损失，还危及沿海人民生命的安全。据野外工作观察估计，约有 70% 的沙质海滩和大部分处于开阔水域的泥质潮滩受到侵蚀，而且岸滩侵蚀的范围日益扩大，侵蚀速度日渐加快。海岸侵蚀的日益加剧已给沿岸人民的生产和生活带来严重影响，造成道路中断、沿岸村镇和工厂坍塌、海水浴场环境恶化、海岸防护林被海水吞噬、岸防工程被冲毁、海洋鱼类的产卵场和索饵场遭破坏，盐田和农田被海水淹没等严重后果，须引起高度重视，并加强海岸线管理，采取有效措施防止海岸侵蚀。

8. 活动构造是引发水土流失的不可忽视的内动力要素

新生代以来的构造活动，一般称之为新构造活动，是其中对人类生存发展影响最大的活的现代构造活动，它往往以断裂升降褶皱活动，地震、火山活动出现，可以改变现行一切内外营力形成的地表发育状态和过程，可以使土地破碎，改变一个区域的相对高度、起伏程度和切制密度、改变流域的侵蚀基准面，造就新的地貌类型的组合，形成新的土地类型的结构。

二、水土流失治理的战略意义、基本原则及启示

1. 生态文明建设和水土流失治理的战略意义

中国人口众多，可开发利用的土地资源十分有限，能够耕种的土地则尤为珍贵，而每年却因土壤退化损失耕地 46.6 万 ~53.3 万 h㎡，因自然灾害丧失耕地约 10 万 h㎡，成为世界上水土流失最为严重的国家之一。耕地面积在逐年减少，人口却每年增加 1400 万，这两个逆向增长如果继续下去，人地矛盾将更加突出。由于水土流失与土壤退化日趋严重，生物的生存空间日益缩小，已经带给我们极大的危害，影响了经济社会的可持续发展。为了民族的生存、人民的幸福和国家的繁荣昌盛，全社会每个成员都应当高度重视水土流失这个头号环境问题，珍惜、保护和合理利用好水土资源，防止人为活动造成新的水土流失。

在中国建设生态文明具有特别重要的现实意义和深远的战略意义。改革开放以来，我国经济快速发展，创造了举世瞩目的奇迹，成就辉煌。但发展中所付出的资源，环境代价过大，发展不平衡、不协调的矛盾突出，城乡差别、地区差别、收益分配差别扩大，生态退化、环境污染加重，民生问题凸显以及道德文化领域里的消极现象等，严重制约了现代化宏伟目标的顺利实现。如何破解难题、走出困境、实现良性循环，事关改革、发展大局。须知，这些矛盾和问题都是传统工业化带来的，若以工业文明理念和思路应对，不但于事无补，还会使困境日益恶化。唯有以生态文明超越传统工业文明，坚持以生态文明的理念和思路，对发展中的矛盾、问题做统筹评估、理性调控、综合治理，方能化逆为顺，举一反三、突破瓶颈，在新的起点上实现全面协调可持续发展。

2. 水土流失治理遵循的基本原则

良好的生态环境是经济社会可持续发展的重要条件，是转变经济发展方式的必然要求，也是一个地区生存和发展的重要基础。我国水土流失仍很严重，为了有效遏制水土流失的发生、发展，必须在认清水土流失严重现状的同时，加大预防治理力度，从宣传、法制、政策、措施方面多头并进，进而实现生态环境的改善，为建设和谐祖国起到必要的支撑和保障作用，遵循的基本原则见表 1-3。

表1-3 水土保持治理遵循的基本原则

序号	水土保持治理遵循的基本原则
1	坚持统筹规划，突出重点，量力而行，分步实施，优先抓好对全国有广泛影响的重点区域和重点工程，力争在短时期内有所突破；坚持按客观规律办事，从实际出发，因地制宜，讲求实效，采取生物措施、工程措施与农艺措施相结合，各种治理措施科学配置。发挥综合治理效益
2	坚持依法保护和治理生态环境，依靠科技进步加快建设进程，建立法律法规保障体系和科技支撑体系，使生态环境的保护和建设法制化、工程的设计、施工和管理科学化；坚持以预防为主，治理与保护、建设与管理并重，除害和兴利并举，实行"边建设、边保护"，使各项生态环境建设工程发挥长期效益
3	坚持把生态环境建设与产业开发，农民脱贫致富、西部经济发展相结合；坚持依靠亿万群众，广泛动员全社会的力量共同参与，建立多元化的投入机制，多渠道筹集生态环境建设资金

第四节　小流域水土保持生态规划设计

这里以南票区为例进行详细说明。

南票区地处辽西走廊，位于葫芦岛市西北部，总面积1000k㎡，该处地形属于典型的低山丘陵区，由于靠近东南面的渤海，在地势上造就了西北高，东南低，山河呈Y字形走向，地质构造复杂，地形多样。在该地区人口密集，水旱灾害多发，导致水土保持量大。

新沙河小流域地区，特别是在沙锅屯乡，以低山丘陵为主，该区域经济以工农业为主，人口较为密集，具有丰富的草本木本及矿产资源。但由于城镇化、工业化的发展，该区地表和植被受到扰动，导致水土保持严重，生态环境破坏，自然灾害常有发生，限制了当地经济的发展。对于如今关于生态环境面临的问题还有很多，比如：在低收入地区，水土保持现象还很严重，需要加大水土保持宣传力度，增加覆盖面；在管理上还需加强人为水土流失防治和监督管理。

一、治理措施

由于南票区的水土流失严重，如对该地区进行综合治理，投入资金高，人力多，还存在着局限性，因此先需要进行分段治理。对于新沙河小流域的水土保持治理，主要是要加强植被的重建，改善该地区的生态环境，从而做到水土保持，采用工程措施（路面治理）、植物措施（山坡治理）、农业耕作措施（沟渠治理）等多种措施相结合，从而达到水土治理的效果。

（一）道路治理

该小流域结合水土保持工程建设的施工和相关农田，农作物等的耕作和运输，做了近五年的道路设计规划，进行新建和改造道路，并将原来部分破旧的村路进行整修。

对于路基工程的建设，路基宽度根据道路设计规划来进行设定，路基边坡坡度根据各段地形、水文及填高情况，拟定填方段路基边坡采用1∶1.5，挖方段路基石质边坡采用1∶0.5，路线填方边坡采用路肩挡土墙，减少填方数量，减少拆迁和占地面积。

对于路面工程的建设，材料选定为沥青混凝土，具有行车舒适，损坏后易于修复的特点，配合大型摊铺设备，施工质量和进度可以得到较好的保证。路面横坡均为2.0%。确定的路面排水原则为排水系统畅通，不产生积水，蒸发渗透。填方厚度低于80cm的路段及挖方路段设置60cm×60cm矩形边沟，全线均设置边沟排水，过村路段为浆砌矩形边沟。通过该地区道路的治理，可以延伸到其他地区，对整个南票区的水土保持综合治理起到了有利的积极作用。

（二）山坡治理

据不完全统计，在该流域共有荒山荒坡1466.94h㎡，需要进行大规模的治理。治理措施一般可以分为水土保持林、果树梯田、保土耕作、封育治理等。

1. 水土保持林。在一些灌木可以存活的山坡土壤中，通过修建水平槽，栽植杏核等灌木进行小流域治理。在调节降水，改变地表水的径流，削弱降雨对山坡地表的冲刷，从而起到水土保持的效果。另一方面，还可以改善当地的环境气候，美化了乡村环境的同时，更加有利于微生物的生长，从而促进生态环境的改善和发展。

2. 果树梯田。梯田主要是在丘陵山坡地上沿等高线方向修筑的条状阶台式或波浪式断面的田地，果树梯田主要是通过在修筑好的梯田上种植各类水果树，比如枣树、山杏、橘子树等，也可以在现有果树的土地上修建果树台田。治理面积达400多公顷，在可以提高农民收入的同时也改善了生态环境。

3. 保土耕作。主要是通过专门的机械用松碎、翻转、平整等手段来改变土壤的松紧度，恢复土壤的活力，也可以通过改变土地的耕作方式，如顺坡耕作改为横坡耕作，减少水土流失，更加有利于植被的生长，保持土壤的肥沃。

4. 封育治理。对坡度较大，土层较薄，相对集中连片，立地条件较好的具有恢复能力的轻度侵蚀的疏林地、天然次生林地荒山荒坡应采取禁牧措施进行生态修复，实施封山育林生态修复工程，全面实行封山育林，发挥大自然自我修复能力，快速恢复植被。

（三）沟渠治理

新沙河小流域的天然沟道较多，根据沟渠来水量的大小和地形条件的不同来采取不同的沟渠防护工程，从而来控制沟头前进。

通过设置谷坊，可以抬高沟床，稳定山坡山脚，防止沟岸扩张及滑坡，拦截泥沙，减缓水流速度，使沟道逐段淤平，能够形成可利用的坝阶地。结合本地区用料情况，最终选用土谷坊来进行防治，下一座土谷坊的顶部与上一座土谷坊的底部基本等高，治理期间共修建了土谷坊 58 座。

对于山坡上农作物的供水问题，改变靠天吃饭的现状，制定了修建沟渠引水上山的策略，修建了 4 座天池，打了 2 眼大井，建立了完整的给排水系统。通过精心管理，农作物的成活率达得到了很大的提升，同时也保护了该地区的土地资源，为南票区的综合治理提供了行之有效的操作经验。

二、保障措施

在组织上成立和完善水土保持组织管理机构，明确工作目标和当前的任务。时常把水土保持的工作列入政府议事日程，形成责任制。在区里成立水土保持领导小组，进行职责上的分工，同时加强合作，为开展水土保持重点预防区和重点治理区的综合防治提供政治上的保障。

在技术上加大人才的投入，建立有关水土保持产学研的体系建设，把相关技术人员送到外面进行专业化的技术培训，从而更好地为当地水土保持的建设服务。同时积极吸取其他地区水土保持取得良好效果的成功经验，加强交流，在有必要的前提下可以引进先进的技术和人才，加大水利科技的推广和应用，增加资金投入力度，鼓励科技创新，为开展水土保持重点治理区的综合防治提供技术上的保障。

第二章　水土保持区划

中国国土辽阔，但自然灾害加剧，威胁国家生态安全、防洪安全、饮水安全和粮食安全，是制约我国经济社会可持续发展的重要因素，因此采取水土保持刻不容缓，而面对复杂多变的生态环境，进行区划便成了做到因地制宜的水土保持所必需的手段。那么本章就围绕着水土保持区划进行详细阐述。

第一节　区划分区

生态功能区划是实施区域生态环境分区管理的基础和前提，是以正确认识区域生态环境特征、生态问题性质及产生的根源为基础，以保护和改善区域生态环境为目的，依据区域生态系统服务功能的不同，生态敏感性的差异和人类活动影响程度，分别采取不同的对策。它是研究和编制区域环境保护规划的重要内容。

一、基本介绍

随着人口的增长和经济的发展，很多地区由于片面追求经济效益，忽略对生态系统的保护，造成生态环境的严重破坏，不仅严重阻碍本地经济的发展，而且危及整个区域的持续发展。如何协调日益突出的发展与生态环境保护的矛盾，维护区域经济和资源的可持续发展是亟待解决的问题，这就要求对区域内各生态因子之间的相互关系，生态系统对人类生存发展的支持服务功能，尤其是对人类活动在资源开发利用与保护中的地位和作用以及区域环境问题的形成机制和规律进行充分的分析研究，提出区域生态环境保护和整治的方法与途径。

二、背景

人类与生态环境是密不可分的。一方面，生态环境是人类赖以生存和发展的基础，它不仅可为人类提供各种所需的自然资源，而且还可通过对气候等的调节为人类提供适宜的居住环境；另一方面，人类为发展经济的各种生产活动又或多或少地对生态环境带来一些负面影响，而环境的恶化则会阻碍经济的进一步发展。因此，稳定而适宜的生态环境是人类生存和社会经济发展的保障。

生态服务功能是人类生存与现代文明的基础，由于人类对生态系统的服务功能及其重要性的不了解，导致了生态环境的破坏，从而对生态系统服务功能造成了明显损害，威胁着人类赖以生存的环境。城市与区域生态环境问题与危机的实质就是其生态系统服务功能的损害与削弱，阻碍了城市与区域的社会经济发展。

三、目的意义

由于生态环境问题形成原因的复杂性和地方上的差异性，使得不同区域存在的生态环境问题有所不同，其导致的结果也可能存在较大的差别。这就要求我们在充分认识客观自然条件的基础上，依据区域生态环境主要生态过程、服务功能特点和人类活动规律进行区域的划分和合并，最终确定不同的区域单元，明确其对人类的生态服务功能和生态敏感性大小，有针对性地进行区域生态建设政策的制订和合理地环境整治。而这些正是生态功能区划的目的。

四、方法

生态功能分区是依据区域生态环境敏感性、生态服务功能重要性以及生态环境特征的相似性和差异性而进行的地理空间分区。

（一）区划依据和分区等级

1. 分区等级

生态功能区划分区系统分三个等级。为了满足宏观指导与分级管理的需要，必须对自然区域开展分级区划。首先从宏观上以自然气候、地理特点划分自然生态区；然后根据生态系统类型与生态系统服务功能类型划分生态亚区；最后根据生态服务功能重要性、生态环境敏感性与生态环境问题划分生态功能区。

2. 区划依据

生态功能区划的依据，即划分各级生态功能区划单位的根据。不同层次的生态功能区划单位，其划分依据应是不同的。生态功能区划进行 3 级分区：一级区划分：以中国生态环境综合区划三级区为基础，各省市可根据管理的要求及生态环境特点，做适当调整；二级区划分：以主要生态系统类型和生态服务功能类型为依据，城市及城市近郊区可以作为二级区；三级区划分：以生态服务功能的重要性、生态环境敏感性等指标为依据。

（二）分区方法

一般采用定性分区和定量分区相结合的方法进行分区划界。边界的确定应考虑利用山脉、河流等自然特征与行政边界：一级区划界时，应注意区内气候特征的相似性与地貌单元的完整性；二级区划界时，应注意区内生态系统类型与过程的完整性，以及生态服务功能类型的一致性；三级区划界时，应注意生态服务功能重要性和生态环境敏感性等的一致性。

（三）分区命名

依据 3 级分区分别命名，每一生态功能区的命名由 3 部分组成。

一级区命名要体现出分区的气候和地貌特征，由地名＋特征＋生态区构成。

气候特征包括湿润、半湿润、干旱、半干旱、寒温带、温带、暖温带、（南、中、北）亚热带、热带等，地貌特征包括平原、山地、丘陵、河谷等。命名中择其重要或典型者用之。

二级区命名要体现出分区的生态系统与生态服务功能的典型类型，由地名＋类型＋生态亚区构成。

生态系统类型包括森林、草地、湿地、荒漠、河口、滩涂、农田、城市等。命名中择其重要或典型者用之。

三级区命名要体现出分区的生态服务功能重要性、生态环境敏感性的特点，由地名＋生态服务功能特点（或生态环境敏感性特征）＋生态功能区构成。

生态服务功能特点包括荒漠化控制、生物多样性保护、水源涵养、水文调蓄、土壤保持、海岸带保护等。生态环境敏感性特征包括土壤侵蚀、沙漠化、石漠化、盐渍化、酸雨敏感性等，命名中择其重要或典型者用之。

（四）生态功能分区概述

生态功能分区概述结果应包括对每个分区的区域特征描述，包括以下内容：自然地理条件和气候特征，典型的生态系统类型；存在的或潜在的主要生态环境问题，引起生态环境问题的驱动力和原因；生态功能区的生态环境敏感性及可能发生的主要生态环境问题；生态功能区的生态服务功能类型和重要性；生态功能区的生态环境保护目标，生态环境建设与发展方向。

（五）生态功能分区的图件和数据库

生态功能分区的结果必须用图件表示，采用计算机制图编制。同一地区各种图件的比例尺要保持一致，各省应根据省域范围与生态环境地域复杂情况确定合适的比例尺。所有图件和基础数据要汇编成数据库。

基础图件应包括地形图、气候资源图、植被图、土壤图、土地利用现状图、行政区划图、人口分布图等；备选图件应包括自然区划图、气候区划、农业区划图等；成果图件应包括生态环境现状图、生态环境敏感性分布图、生态服务功能重要性分布图、生态功能区划图等。

第二节 水土保持区划的理论与原则

一、理论基础

（一）自然地理分异理论

水土流失分异规律与自然地域分异规律有相同本质。水土流失的各影响因素，受地理分异规律的影响，在水土流失类型和强度上都有着明显的地域性。全国水土资源利用的宏观格局空间特征、土地利用和生产放心的大尺度分异等，主要是受水热结构、地形地貌等自然环境条件的大尺度分异决定的。研究水土流失的地域性分异规律，揭示区域水土流失和水土保持特点，是水土保持区划的重要工作和基础。而自然地域分异规律是指自然地理综合体及其各组成成分的特征在某个确定方向上保持相对一致性或相似性，而在另一确定方向上表现出差异性。揭示区域整体性和差异性及其形成原因与本质，为科学地进行区划提供了理论基础。

自然地域分异规律按其形成原因和表现形式，一般可以分为地带性差异和非地带性差异两类。地带性差异主要表现为热量、水分等自然条件大致沿纬度或经度的方向呈现有规律的变化；非地带性差异是在地球内能作用下，海陆分布、地势变化、构造变动、岩浆活动等自然综合体决定的分异规律。地带性差异和非地带性差异两者互相影响，联系密切，共同作用着自然地域分异。纬向分异规律是因太阳高度角随纬度变化而引起热量条件南北之间递变的规律，热量带沿纬线呈东西延伸的带状分布。经向非地带性规律是自然地理要素或自然综合体大致沿经线方向延伸，按经度由海向陆发生有规律的东西向分化。

气候和地形是水土保持大尺度自然条件的主要决定因素，水热因子的综合作用决定了宏观水土资源的主要类型，而地形地貌格局进一步影响着大尺度下的水热因子分布。具体而言，大的地理单元和优势地貌组成物质也是水土保持区划的科学依据。我国的三级阶梯的界线，直接影响了我国水土流失特点和水土资源的类型结构，以及土地利用和发展空间格局分异；如年降水量400mm等值线，构成了水蚀和风蚀两种侵蚀类型的地域分异；而年降水量800mm等值线，直接决定了我国土地利用的南北地域差异，不同的土地利用方式直接影响了我国水土流失的地域分异。地带性和非地带性分异规律直接影响着我国水土流失和水土保持规律，所以，水土保持区划必须以自然分异规律为客观依据并发挥主观能动性，因地制宜，才能将不利的自然条件转化为有利条件。

（二）系统科学理论

水土保持是一个包括生态、经济和社会等要素的大系统，在系统内部，生态-经济-社会各子系统有着一定的结构、层次和功能。因此在水土保持区划理论的建立、原则的确定、因子体系的构成以及区划体系的构建等过程中都将系统论的思想和方法贯穿于其中。

系统是物质的普遍存在形成和发展形势，基本原理包括：

（1）整体性原理，系统整体不等于它的部分之和，系统整体行为依赖于要素的行为，而要素的行为又必须受整体行为的控制，并协调于系统整体行为。

（2）系统的结构质变原理，系统内部各个要素之间在空间和时间上的有机联系与相互作用的方式或顺序称为系统结构。系统对物质、能量、信息的转换能力和对环境的作用称为系统的功能。系统的结构是功能的基础，功能是结构的体现，结构决定功能，系统的质变过程即系统结构的变化过程。

（3）系统的反馈调节原理，系统通过其输入和输出来调节系统的行为，反馈调节机制存在与一切能进行自我调节的系统之中，它是自我调节系统的一般特性。

（4）系统的层次性原理，不同层次的系统具有不同的性质，并遵守不同的规律，各层次之间存在者相互联系、作用。

（5）系统的发展和演化原理，系统随着时间不断发展和演化，使系统趋向稳定。演化使系统从一种稳定结构过渡到另一种稳定结构。

（6）系统的动态性原理，系统的状态和构成要素都会随着时间变化。

水土保持区划系统中，自然生态环境、经济、社会等要素构成一个有机整体，生态、经济和社会三个子系统间相互联系、相互影响，经济发展和社会进步必须以生态环境为基础，而生态环境的建设和保护又必须以经济发展和社会进步为保障。因此，研究一个地区的水土保持情况和发展情况，需从这三个方面以及它们构成的综合体来共同衡量，才能体现它们之间的系统性。

（三）生态经济学理论

生态经济学重点在于探讨人类社会的经济行为与其所引起的资源和环境嬗变之间的关系，包括部门生态经济学、理论生态经济学、专业生态经济学、地域生态经济学。是由生态系统和经济系统相互交织、相互作用、相互耦合而成的复杂系统，是生态经济系统的矛盾发展规律及其应用的经济学分支，主要是处理自然社会经济系统的可持续发展问题。其研究如何在经济发展中合理遵循自然生态规律，并把经济规律和生态规律相结合，综合运用到经济建设之中，使社会经济能得到合理的、高速度的发展，同时又能在发展经济的过程中注意保护生态环境和自然资源，以保持生命系统和环境系统的协调发展。生态经济系统的地域差异性主要体现6个方面：地理环境的差异性；生物群落结构的差异性；经济系统的差异性；生产关系的差异性；人口系统的差异性；区域生态经济系统各要素组合上的差异性。

生态经济系统的划分范围可大可小，可以从不同层次和地域划分，按照地域大小可分为：区域生态经济系统、庭院生态经济系统和流域生态经济系统。且生态经济系统在地理环境、生物群落结构、生产关系、经济系统、人口、各组成要素等方面均存在地域差异，水土保持区划研究的对象也是人与自然的综合体，与水土保持区划研究内容相契合。

（四）人地关系理论

人地关系是存在于人类发展的各个时期，如何正确地协调人与地关系是人类为此共同努力的目标。人类社会与赖以生存的环境之间的关系就处于不断变化的过程中。人地关系论是人文地理学的重要理论，影响到人文地理学的各个要素和方面，同时与水土资源有着密切的关系。"人"是指在一定生产方式下，在一定地域空间上从事各种生产活动或社会活动的人；"地"，即资源环境基础是研究区域差异和人地协调的重要因素。人在对地的经营过程因资源等条件存在差异，人类对人地关系地域系统的影响作用是显著的，但是地域系统的运作、循环有其特定的内在机制，作为人地关系地域系统一部分的人，当其活动超过系统负荷时，系统内在机制的紊乱将给整个系统带来灾难。在水土保持区划过程中，必须考虑人类活动与地理环境变化相互依存和作用的关系。

（五）水土保持差异理论

水土保持是防治水土流失，保护、改良与合理利用水、土资源，维护和提高土地生产力，减轻洪水、干旱、风沙灾害，以利于充分发挥水、土资源的生态效益、经济效益和社会效益，建立良好生态环境。是为了避免水土的过度流失，从保护水土资源的角度出发，通过改良以及合理利用，提高并维护土地的生产力，为了充分发挥水土资源的生态效益、经济效益、社会效益，必须要采取综合性的保护措施。不只是保护，而且是改良与合理利用的概念。水土保持的主体是人，对象是水土资源，目标是人对水土资源的良性经营。人对水土资源的经营因土地利用和社会经济条件的不同而存在着差异，这种差异也是水土保持区划必须要考虑的因素。

研究表明，陡坡开垦对加速土壤侵蚀起着重要的作用，使土壤肥力减退，粮食减产，地面破碎，是造成水土流失的主要原因之一。在黑土丘陵区，水土流失量以顺垄坡耕地最大，荒坡和横垄坡耕地次之，水平梯田、次生林地和草地基本无水土流失现象；黄土丘陵区，坡耕地水土流失量随坡度的升高而增加，20°小区显著大于10°和

15°。所以在水土保持区划中，土地利用和水土保持方向是一个十分重要的要素。

总之，所有这些经济社会条件和土地利用等水土资源经营方式的差异，对水土保持区划而言是十分重要的要素，是水土保持区划的重要依据。

二、基本原则

水土保持区划的原则是制定区划指标体系、分区方法以及分区方案所遵循的准则。依据水土保持区划全面、客观而真实地反映区域单元的分异规律的目标，结合区域特点，按照"从源（考虑成因、发生、发展和共轭关系）、从众（考虑综合性和完整性）、从主（考虑典型性和代表性）"确定如下区划原则：

（一）区内相似性和区间差异性原则

水土保持区划过程中，应充分考虑自然地理、气候条件和人类活动特点等关键因素，综合把握区域自然社会条件、水土流失等特征，突出区内的相似性和区间的差异性；同时，区内对水土保持需求与防治技术体系应基本一致。

（二）主导因素和综合性相结合原则

水土保持区划应以人为本，遵循自然规律。区划中不仅要考虑水土流失因素，同时还要考虑造成水土流失的上层因素的分异规律的综合性原则。综合考虑多重因素，重点考虑水土保持区划主导因素，只有把握主要矛盾，突出主导因素的作用，才能客观反映水土保持区划的本质。区划中同时还要兼顾自然、生态、和经济社会的综合因素，有助于统筹考虑区域的整体性和综合性，更好地反映区域特征。所以，水土保持区划须遵循主导因素与综合性相结合原则。

（三）区域连续性与取大去小原则

区域连续性是水土保持区划的基本原则。水土保持各级区划单位须保持区域的完整性和连续性，每个区划单元在地域上是相邻的，同时在空间上也是不可重复的。水土保持区划往往受非地带性因素影响较大，因此，不仅要考虑空间连续性，同时，还要根据区划空间的大小进行适当的取舍，即以大范围的非地带性为主，从而保持区域的完整性和连续性。

（四）自上而下与自下而上相结合原则

分区的高级单位在于区分和认识大的区域差异，在区划方法上宜采用自上而下的演绎途径；而分区的低级单位是自然环境、水土流失和社会经济属性的综合，旨在发挥水土保持措施的配置、功能效益的最大化服务，应采用自下而上的归纳方法。水土保持区划途径上还应做到定性与定量分析相结合，自上而下的定性分析可以提供宏观控制性框架，自下而上的定量分析可以提出明确的分区界线；自上而下与自下而上演绎归纳途径和定性与定量相结合的原则是完成全国水土保持区划方案的重要保障。

（五）水土保持区划与功能相结合原则

水土保持基础功能是水土保持区划的重要内容，也是明确水土流失防治目标的切实需求。水土保持基础功能主要体现在区域单元内生态环境特点和水土保持设施所发挥或蕴藏的有利于保护水土资源、防灾减灾、改善生态、促进社会经济发展等方面的作用。水土保持主导功能作为定位和划分三级区的基础，只有明确了每个区域单元的水土保持主导功能，才能更好地把握水土保持发展方向，从而提出水土保持措施体系。所以水土保持区划一定要与水土保持功能相结合。

此外，还应考虑以地带性因素为主，兼顾非地带性因素的原则。

区划中要结合我国已有的综合自然区划和专题（地貌、土壤、植被、经济、人口）区划成果，充分继承和应用已有的相关水土保持区划成果，考虑传统习惯，以便于区划成果的应用推广。考虑到我国国家宏观管理和水土流失综合防治与水土资源的综合开发利用都是在行政区范围内决策实施的，并且应保持县级行政边界基本完整原则，为便于区划基础数据的获取和成果管理与应用，所以将县级行政区作为区划的基本单元。

第三节　水土保持区划的现状与特征

一、我国水土保持区划发展现状

（一）我国水土保持区划发展

早期的水土保持区划工作主要集中在黄土高原，我国的土壤侵蚀分区工作也是从黄土高原开始的。20 世纪 80 年代末，水利部组织进行了"全国第一次土壤侵蚀遥感调查"，20 世纪 90 年代末，进行了第二次，基本摸清了我国水土流失的现状和动态，为国家水土保持宏观决策提供了科学依据。

1955 年，黄秉维的黄河中游流域土壤侵蚀区划，根据植被覆盖情况划分为 2 大区域，然后根据气候、土壤、植被类型、水土流失类型及强度划分为 7 个区，其中黄土丘陵区又在考虑侵蚀强度和陡坡地情况下分为 5 个副区，编制了"黄河中游流域土壤侵蚀区域图"。1958 年，朱显谟提出黄河中游地区区划系统，将黄河中游地区划分为 5 个地带、28 个区带、68 个侵蚀副区和 22 个侵蚀区。1965 年，朱显谟又根据我国不同目的、形式和要求进行的多项土壤侵蚀普查工作，分析综合后，初步完成了除西藏以外的中国土壤侵蚀图。

1982年，在我国颁布了《水土保持工作条例》的同时，辛树帜、蒋德麒主编的《中国水土保持概论》，根据研究土壤侵蚀等方面成果，采用主导侵蚀外营力原则，将全国区分为水力侵蚀区、风力侵蚀区和冻融侵蚀区3大类型区，其中包括新疆、甘肃河西走廊、青海柴达木盆地，以及宁夏、陕北、内蒙古、东北西部等地的风沙地区，是风力侵蚀为主的类型区；青藏高原和新疆、甘肃、四川、云南等地分布有现代冰川的高原、高山，是以冻融侵蚀为主的另一个类型区；其余的所有山地丘陵地区，则是以水力侵蚀为主的第三个类型区。再根据地形地貌条件等将以水力侵蚀为主的类型区划分为6个区。辛树帜、蒋德麒和朱显谟的一级分区方案基本没有区别。在水力侵蚀类型区中，将淮阳山地及秦巴山地并入四川盆地及周围地区，将长江中下游平原和华南丘陵区合并为南方山地丘陵区。该方案对全国性质的水土保持等区划打下坚实基础。

1989年陈代中、朱显谟编制的《中国土壤侵蚀类型及其分区图》中，按侵蚀营力，把全国分为三大土壤侵蚀区：东部流水侵蚀区、西北风力侵蚀区和青藏高原冻融及冰川侵蚀区。1996年，水利部的全国土壤侵蚀类型区划在原基础上，根据土壤侵蚀的外营力不同类型将全国划分为三个一级区，又根据地质、地貌、土壤等形态划分为九个二级区，此区划一直沿用至今。1996年，关君蔚等编著的《水土保持原理》中，中国水土保持类型分区是以全国为背景，结合地区的特点、水土流失和水土保持的相似性和分异形进行宏观轮廓性划分，全国共划分为北方土石山地丘陵、西北黄土高原丘陵、晋陕峡谷高中山地、南方丘陵山地、西北干旱风沙地区、西北干旱山地丘陵、东北漫川岗丘陵山地、东北内蒙古林区、青藏高原、平原、盆地和绿洲共10个类型区，并分别给出了各类型区的自然、社会经济、水土流失形式和水土保持工作开展情况。

2004年，唐克丽等以辛树帜、蒋德麒的中国水土流失类型区划为基础，在《中国水土保持》中阐述的全国水土保持区划按照主要侵蚀类型强度、地貌单元、土地利用方式、水土保持方略和措施配置等因素，划分了43个水土保持类型区。全国水土保持区划分为3个一级分区（区）：水力侵蚀为主的水土保持区（Ⅰ）、风力侵蚀为主的水土保持区（Ⅱ）、冻融侵蚀为主的水土保持区（Ⅱ）。二级分区主要在一级分区基础上，根据影响水土流失的自然因素的特点，按区域性地貌单元的分异性划分第二级分区（地区），将全国划分为9个水土保持二级区：

（1）水力侵蚀为主的水土保持一级区（Ⅰ）基础上的二级分区（地区）：包括东北低山丘陵和漫川岗丘陵水土保持地区（I-1）、北方土石山地丘陵水土保持地区（I-2）、西北黄土高原水土保持地区（I-3）、南方山地丘陵水土保持地区（I-4）、四川盆地及周围山地丘陵水土保持地区（1-5）、云贵高原水土保持地区（I-6）；

（2）风力侵蚀为主的水土保持一级区（Ⅱ）基础上的二级分区（地区）：包括内蒙古及长城沿线水土保持地区（II-1）、新（新疆）甘（甘肃）蒙（内蒙古）水土保持区（I-2）；

（3）冻融侵蚀为主的水土保持一级区（Ⅲ）即二级分区（地区）：青藏高原冻融

侵蚀地区（Ⅲ-1）。该区划是水土保持工作中一直沿用的土壤侵蚀类型分区（水土流失类型分区）。

2006年，根据《中华人民共和国水土保持法》等有关规定，水利部在全国土壤侵蚀遥感普查成果的基础上，首次完成了国家水土流失重点防治区划分，包括重点治理区9个、重点预防保护区16个和重点监督区7个，共42个国家级水土流失重点防治区，面积22.98万平方公里，其中水土流失面积95.46万平方公里。

我国在完成2019年度全国水土流失动态监测成果审核并发布后，组织开展2020年度全国水土流失动态监测工作，及时定量掌握全国各级行政区、重点区域、七大流域及主要支流的水土流失面积强度和动态变化。深入开展监测成果分析和挖掘，及时将成果应用到水土保持管理各方面，提升监测支撑能力。

（二）我国水土保持区划现状

随着科技的进步，先进的统计学技术和计算机技术广泛应用到水土保持区划的工作中，使区划工作逐步向数字化方向发展。同时，随着水土保持生态区划功能的开展，应用RS和GIS技术，采用了敏感性指数、生态风险指数、生态价值估算、水量平衡核算、叠置等方法，对遥感影像资料进行解译，用GIS对土壤侵蚀进行监测，以及利用主成分分析法和聚类分析法对澧水流域进行水土保持区划。

二、水土保持区划特点与问题

（一）水土保持区划的特点

区划是根据不同地域单元的特性对较大区域进行划分，其目的是实现对不同分区的决策、管理及科学研究。水土保持区划是综合性的并能反映水土流失及其治理的特点，是水土保持规划的基础。本研究的水土保持区划是指在综合分析不同地区水土流失发生发展演化过程以及地域分异规律的基础上，结合不同区域水土流失防治需求，根据区划的原则、指标体系和方法，按照区内相似性和区间差异性等原则进行的水土保持区划分，以阐明水土流失综合特征，指出不同区域生产发展方向和水土保持方略、布局和措施配置体系。水土保持区划属于综合部门经济区划，需要综合考虑区域经济社会等因素。水土保持区划强调的是指导性、大原则和发展方向。为了便于实施，管理需要，水土保持区划边界与行政边界相吻合。

1. 水土保持区划与水土保持规划的区别与联系

水土保持规划是按照既定目标制订工作方案，主要从土地利用方式，预防、保护和治理措施布局，以及科学合理的实施步骤等方面出发。从概念上讲就是为了防治水土流失，合理利用和开发水土等资源，改善生态环境，促进农业及区域经济社会发展，根据区域水土流失特征，以及自然、生态、社会和经济条件，应用水土保持原理和生态经济学原理等，制订的水土保持综合整治的总体方案。而水土保持区划主要研究自然地域、生态环境、水土流失特征及其影响因素和社会经济条件等，根据水土保持的相似性及地域分异性，进行水土保持区划，符合水土流失综合防治因地制宜的要求，根据区域特征，制定相应水土保持综合防治与开发方向和技术体系，对水土保持科学决策具有重要意义。可见，水土保持规划是水土保持治理的具体实施规划，而水土保持区划注重区域类型和功能划分，是水土保持规划和水土保持工作的关键前提和基础。

2. 水土保持区划与土壤侵蚀类型分区的区别与联系

土壤侵蚀类型分区（即水土流失类型分区）是综合自然区划，而水土保持区划是综合部门区划。土壤侵蚀类型分区是反映土壤侵蚀的区域分异规律，是综合考虑土壤侵蚀特征及其影响因素等的相似和差异性，按照分区原则和方法对区域进行划分。土壤侵蚀类型分区是水土保持区划的基础，也是研究不同地区土壤侵蚀规律和水土流失治理途径等的基础。水土保持区划是根据自然条件、社会经济条件、水土保持特点等进行分区，确定水土流失防治战略、区域布局和生产发展方向及相应的措施。所以，水土保持区划与土壤侵蚀类型分区既有区别又有联系。

3. 水土保持区划与水土流失重点防治区的区别与联系

水土流失重点防治区（即"三区划分"）是为了从国家角度明确水土流失综合防治的重点，制定分区防治的目标，从而实现分类指导管理，达到有效防治水土流失，促进生态、经济和社会可持续发展，是根据国家法律政策制定的分区。而水土流失重点防治区所包含的区域不能覆盖全国范围，只占一小部分，而且还有非重点防治区部分，但是水土保持区划在区域上是完整覆盖全国的，而且是集中连片的。实际上，水土流失重点防治区也是水土保持区划的重要基础和组成部分，两者应该是相互关联和衔接。

4. 水土保持区划与水土保持功能区划的区别与联系

结合生态功能区划和国家主体功能区划提出了水土保持功能区划的概念，如今我国还没有开展水土保持功能区划，但接下来将是水土保持工作新的研究方向。水土保持主要功能包括涵养水源、拦沙减沙、防风固沙、土壤保持、农田防护和人居环境维护等功能，不同的区域具有不同的水土保持功能，通过水土保持功能评价和功能的主次地位来确定不同的区域的水土保持主导基础功能。水土保持功能区划是为了我国水土保持与生态建设、区域开发与产业布局提供一个地理空间上的框架与指导，为水土保持生态补偿等提供依据。本文研究的水土保持区划三级区是与水土保持功能相结合，以水土保持功能来定位三级区，综合了生态、经济和社会多种因素。可以说水土保持功能区划是以水土保持区划为基础的，是在水土保持区划的基础上进行水土保持功能定位的，所以水土保持区划与水土保持功能区划存在着密切的联系。

5. 水土保持区划与其他相关区划的区别与联系

水土保持区划属于综合部门区划，在进行水土保持区划之前应该了解各个自然区划，如生态区划、自然区划等，综合自然区划是水土保持区划的基础。综合自然区划单位的基础单元在某一地域上是具有集中连片完整性的，空间上是允许重复出现的，分区一般不考虑行政区界。而水土保持区划在空间上是连续的和不可重复的，并且要考虑行政区界。其他综合部门区划也是水土保持区划的重要基础和前提，如土壤区划、植被区划、气候区划等，都对水土保持区划提供了科学参考。但水土保持区划是根据自身水土流失等特点，结合生态、经济和社会等因素进行区域划分。其他相关区划可以为水土保持区划提供宝贵参考。

二、水土保持区划的问题

根据水土保持区划的发展和研究进展情况，通过分析我国水土保持区划的现状，不难看出其存在的问题：

（一）已有水土保持相关区划（分区）不能满足新时期水土保持的需求

我国已有土壤侵蚀类型分区（水土流失类型分区）和全国水土流失重点防治区划分等相关区划。土壤侵蚀类型区划是部门自然区划的范畴，在现实的水土保持实践中的局限性很大，因为土壤侵蚀类型区划在划分过程中，多考虑了自然因素，没有考虑经济和社会因素，没有很好地反映以人为本和生产活动对水土保持影响的特点。而且，土壤侵蚀类型区划体系不够完善，界线模糊不够明确，空间上没有连续，过多考虑了自然边界，没有从行政管理的角度出发去考虑行政边界的完整性，给地方和国家宏观管理造成了困难。而全国水土流失重点防治区划分（即"三区"划分）的重点防治区只是全国的一部分，没有完成区域的完整性，不能从全国范围去指导水土保持工作，由于缺乏统一的标准，在实际工作中，三区的界线很难确定。虽然土壤侵蚀类型区划和全国水土流失重点防治区都对我国的水土保持工作提供了科学依据和基础。但是在新时期，新形势和新要求下，形成实现真正意义上的全国统一而科学的水土保持区划，来指导全国水土保持在生态文明建设中具体工作将是十分必要的。

（二）水土保持区划缺乏深入研究有待提高水平

水土保持区划的有关研究中存在着一些基础性问题，如区划概念认识不统一，应用上没有达成共识：大部分偏重自然区划，社会经济兼顾不够；多属于概念性分区，边界不清晰、操作性不强；区划理论、方法研究深度不够，命名规则不够规范。同时，从全国范围来看，缺乏大尺度水土保持区划研究，多集中小尺度的区划研究，对于大尺度区域水土保持区划研究较少，尤其是我国中高层次区划体系和方法方面。区域性水土保持区划开展以来，对当地水土保持工作起到了积极作用，但是，总体来讲，由于划分的标准不尽相同，区域特点不同和掌握的区划手段不同等，造成了区间缺乏联系和衔接，不利于国家对水土保持工作的宏观管理和总体规划。所以，水土保持区划与国内外的生态区划、功能区划等研究相比，具有一定的滞后性。

第四节　水土保持区划等级与指标体系构建

一、水土保持区划等级体系

水土保持区划是科学水土保持规划的基础和前提。要建立比较完善的水土保持区划等级体系，应满足以下几点要求：较为客观地反映与一定空间规模和尺度相对应的地域单元的等级从属关系，等级之间有紧密的发生上的联系，级与级之间既不缺失、又无重复；反映各级地域单元成因背景及其分异的主导因素，各个等级的地域单元有其鲜明的特征、级际不能互相代替；能够与相邻层次的地域单元（如植被地域单元）进行大致的比较。

本文主要是在全国水土保持区划已经明确了全国水土保持保持区划三级体系的基础上，进一步探讨水土保持区划二、三级区的目的和特征。水土保持区划一级区主要用于反映水土资源保护、开发和合理利用的总体格局，保持各区在地势地质构造及气候带的相对一致性，以及水土流失成因的区内相对一致性和区间最大差异性。用于确定全国水土保持大战略方向。

通过对已有的相关区划（分区）进行总结分析，从全国水土保持区划方案角度出发，在全国水土保持区划一级区的基础上，不仅明确不同二、三级区水土保持发展的战略目标、防治方向和途径，还要明确不同区域水土保持综合技术体系特征。根据区划对象、尺度、目的不同，以自然、气候、地貌等基本自然特征为依据，划分二级中高级区，二级区作为区域协调区（过渡区）；然后再根据各县经济、社会发展水平，水土保持特点和发展潜力等再划分三级区，把三级区作为基本功能区，跟生产实践紧密联系起来。所以总结如表2-1：

表2-1　全国水土保持区划二、三级区作用与特征

级别	主要特征
二级区	区域协调区，主要用于反映区域大的地理单元和优势特征地貌、水土流失特征、土壤和植被区带等的区内相对一致性和区间最大差异性。作为确定区域水土保持布局，协调跨流域、跨省区的重大区域性规划目标、任务及重点。
三级区	基本功能区，主要用于反映区域土地利用、经济社会和水土流失防治需求的区内相对一致性和区间最大差异性。与水土保持基础功能相结合，通过水土保持主导功能定位，确定三级区水土流失防治技术体系，与防治目标相结合，实践性强。

二、水土保持区划的命名及编码

（一）水土保持区划的命名

区划的命名是体现区划成果科学合理的关键，水土保持区划命名应遵循以下原则：

（1）准确性，突出区域的主要特征、重点考虑传统的继承性；

（2）简洁性，采用分级多段式命名法，文字简明扼要；

（3）全局性，抓住地理空间、位置和特征优势地貌，不要面面俱到；

（4）一致性，同级别区划单元命名应基本保持一致。

无论是高级区还是低级区，在分区命名时都应体现出这一级区的主要自然特征。如中国自然区划的一级区突出反映出东部季风、西北干旱、青藏高寒的地域组合特征；二级区主要体现了每一个自然区的地貌特征。

命名中不同级区考虑不同的自然特征以及采取不同的命名方式，以提出区分不同级区的名称。如中国农业气候区划一级区以大气候类型为分区特征，并命名为农业气候大区；二级区以热量条件为特征，命名为气候带；三级区以中地貌类型或地理位置为特征，命名为气候区。如《中国自然区划》在分析了我国自然综合体的地域分异规律，制订了分区原则和指标体系之后，根据"地理位置—大气候类型""热量类型""地理位置＋地貌类型"的命名方式分作三级区命名，并对各级自然区域的自然综合体的表现特点给予了详尽的描述。

在水土保持区划分区命名过程中，高级区第一段地域位置一定要大于低级区的第一段地域位置，即低级区的地域应包含于上一级区的地域之中。如果不同级区名称第二段是同类自然特征，如地貌，则高级区的自然特征应大于低级区自然特征，即高级区用大地貌或中地貌类型，而低级区用中地貌或小地貌类型。并且每一级区表征分区等级的名称也应尽量不同。通过上述方法来区分不同级区在分区体系中概念的大小和所处的等级位置。

（二）水土保持区划编码

水土保持区划的编码原则应遵循：

（1）科学性。依据现行国家标准及行业标准，按建立现代化信息管理系统的要求，对分区进行科学编码，形成编码体系。

（2）唯一性。水土保持区划及其对应代码，可保证水土保持区划信息存储、交换的一致性、唯一性。

（3）完整性和可扩展性。分区代码既反映各分区的属性，又反映分区间的相互关系，具有完整性。编码结构留有扩展余地，适宜延伸。在全国水土保持区划一级区采用传统习惯的罗马数字的基础上，二级区分区编码采用罗马数字和英文字母的组合，三级区采用罗马数字、英文字母和阿拉伯数字和主导功能符号（主导功能首字拼音首字母）。

（三）水土保持区划命名方式

根据以上研究，本研究所确定的我国水土保持区划的二、三级分区具体命名规则方式如表2-2：

表2-2　水土保持区划的二、三级分区命名规则

等级	命名方式	编码
二级区	区域地理位置（区位、特征地理名称）+优势地貌类型	罗马数字-英文字母
三级区	地理位置+地貌类型+水土保持主导功能	罗马数字-英文字母-阿拉伯数字和主导功能符号

三、水土保持区划指标体系构建

构建水土保持区划指标体系是水土保持区划的关键和依据，指标的选取直接影响到区划的结果。区划的指标一般包括定性的质量指标和定量的数量指标两种，只有将定量与定性指标相结合采用不同的方法得出的结果，才能客观科学合理。指标的选取要抓住主要矛盾的思想，能够客观反映事物本质的主要指标，要用以尽可能少的指标数量来包含尽可能多数量的指标信息。因此，水土保持区划指标体系的设置，应以生态经济学和水土流失影响规律为基础，在水土保持区划的原则下，从客观实际出发，综合考虑区域自然地域分布规律、水土流失特征和经济社会发展的区域差异性规律。还应遵循指标数量和信息的全面性、代表性、主导性、科学系统性、客观可行性、共性和特征性等要求，同时，还要立足于我国水土保持和生态环境建设的重要性和长远性，能够反映出水土保持工作取得良好的生态、经济和社会效益。水土保持区划指标体系的构建，可为水土保持规划及相关工作打下坚实基础。本文是在全国提出的水土保持区划三级体系基础上，通过综合分析已有成果，根据我国水土保持和水土流失的特点，构建水土保持区划二、三级区指标体系，旨在为我国水土保持区划提供科学参考。

（一）区划指标选取原则

水土保持区划涉及多方面的复杂因素，在选择水土保持区划因子时，要充分做到综合性和单项性指标相结合，质量和数量指标相结合，静态和动态指标相结合等。指标应当具备易于获取、便于定量分析、便于长期监测、易于理解等特点。所以，为了保证水土保持区划指标体系构建的科学合理性，应遵循以下基本原则：

1. 全面性与可操作性原则

根据水土保持区划的目标，构建的指标体系须包含自然、经济、社会、水土保持等各方面条件，具有全面性和代表性，同时，易于获取和量化，与其他区域指标具有

可比性，指标的设置尽可能简单清楚，不宜太多。

2. 区域性与普遍性原则

不同的区域具有不同的特点，区域影响水土流失和水土保持的因素具有一定的差异性，应根据区域特点建立符合当地实际情况的指标体系，在不同的区域之间寻找共性指标，同时找出每个区域的特征指标，指标选取是要考虑到指标的可比性。

3. 数据可获取性与权威性原则

水土保持区划直接指导于水土保持规划和水土保持工作，关系到宏观政策的制定，数据来源必须科学、稳定、可靠，应尽量充分利用国家的共享数据，采用政府部门发布的权威数据，有些指标理论上很好，但难以获取指标值，所以数据的可获取性和权威性很重要。

4. 关联性与独立性原则

水土保持区划指标体系是一个系统，具有不同的层次，对于整个指标系统来说，自然、经济、社会和水土流失要素是相互关联又相互独立的，既要反映各要素指标的特征性，又要反映指标间的相互关联性。

5. 动态性与静态性原则

水土保持区划具有时间和空间的延续性，将在相当一段时间内指导水土保持规划及水土保持工作，所以指标的内容应具有时间和空间的敏感性，以便于预测和调控，同时需要在一定时期内也有稳定性，反映一定时期的特征。

（二）水土保持区划指标体系结构

水土保持区划指标体系构建要结合水土保持区划的理论基础和原则要求。指标体系的结构应充分反映地域单元的自然地理、生态和经济社会的特征，重点考虑水土流失及相关影响要素。根据我国水土保持保持区划的特点，综合其他相关区划指标体系构建情况，在水土保持区划指标体系构建原则基础上，确定了水土保持区划的要素主要包括自然地理要素、水土流失要素、土地利用要素和社会经济要素。

1. 自然地理要素，自然地理条件是影响水土流失发生发展的内在因素，自然地域分异规律也是导致水土流失地域分异的客观条件，自然地理要素又包括地貌、气候、土壤等多个方面要素指标。

2. 水土流失要素，水土流失及其影响因素分异规律是水土保持区划的重要依据，防治水土流失是水土保持区划和水土保持工作的根本任务，是属于生态指标的范畴。水土流失特征性是反映区域生态环境和水土保持特点的重要基础。我国开展的两次遥感普查，为水土保持区划积累了大量的基础数据，奠定了良好基础。

3. 土地利用要素，区域土地利用和开发方向一定程度上可以反映区域水土流失状况和水土保持特点，也属于生态要素的范畴。土地利用变化作为人类活动和生态环境变迁的重要体现，可以引起一系列生态环境变化过程。如土地利用类型也是影响水土流失的主要因素之一，不合理的土地利用方式是造成严重水土流失的主要原因。土地利用结构调整也是水土流失防治和水土保持工作主要目标。因此，基于土地利用在水土保持区划中的重要地位，可把其作为单项因素进行分析。

4.经济社会要素，水土保持区划的重要特点就是与经济社会相结合，把人类活动作为重要的区划指标。区域经济的发展不仅造成了生态环境的破坏还加剧水土流失。同时，经济社会发展水平是地区物质和生态文明建设的重要基础，也是水土保持工作开展的重要保障，同时，政策法规也对水土保持存在影响，所以，将经济社会要素作为区划指标的重要组成部分。

指标体系的构成既要反映区划的目的和原则，同时也要符合当地实际情况。水土保持区划是以人为本，抓住主要矛盾，和谐处理人与自然、生态、社会关系，综合评价区域现状，把握经济社会现状和发展，确立水土保持区划的发展方向，以满足当代和后代的基本需求，实现可持续发展。因此，水土保持区划指标体系的建立是一个很复杂的问题。选取指标过程中，遵循可操作性和可获取性原则，考虑区域实际情况，综合专家意见及相关成果，构建水土保持区划指标体系。

（三）水土保持区划指标体系建立

我国国土辽阔，各类条件复杂，水土保持区划指标的确定是一个极为复杂的过程。根据区划尺度、区划对象、区划目的及区划研究者的不同，存在较大的差异。

本文依据水土保持区划三级分区体系框架，水土保持区划二、三级区划分的特点和需求，同时根据我国的气候、地形地貌、水土流失以及人类活动等规律特征，以及构建指标体系的原则，在不同级别和同一级别的区划中分别选取共性指标和特征指标，也就是说根据各区域的实际，确定主导因素，异区异指标。

表2-3 水土保持区划共性与特征指标

类型	要素指标
共性指标	地质地貌、土壤、植被、光热、土地利用、社会、经济等
特征指标	土层厚度、喀斯特面积、沟壑密度、滑坡、泥石流等

根据构建的水土保持区划指标体系结构模型，水土保持区划指标体系包括目标层（A）、要素层（B）、因子层（C）和指标层（D）四个层次体系。各层次的因子分析如下：

（1）目标层（A），水土保持区划指标体系作为水土保持区划的关键和基础步骤，指标体系综合了影响水土保持和区域发展的主要因素和因子指标，系统反映了自然、生态、社会和经济的综合状况。

（2）要素层（B），作为水土保持区划各影响因子的综合体现，为了达到水土保持区划生态、经济和社会可持续协调发展的目的，分别由自然地理要素（B1）、水土流失要素（B2）、土地利用要素（B3）和经济社会要素（B4）组成。

（3）因子层（C）。因子层是各项指标的综合体现，主要包括地形地貌因子（C1）、气候因子（C2）、水文因子（C3）、植被因子（C4）、土壤因子（C5）、土壤侵蚀类型因子（C6）、土壤侵蚀强度因子（C7）、土壤侵蚀程度因子（C8）、土地利用类型因子（C9）、社会因子（C10）、经济因子（C11）。

（4）指标层（D）。指标层是水土保持各影响因素的具体体现，是表达因子层的具体内容。针对全国性的区划，由于范围广，差异大，指标体系难以统一，同一指标不同地区其权重差异也很大，因此，应根据区域具体情况进行选择和确定。既要有定性指标，又要有定量指标，以定量为主，定性为辅，定性与定量指标相结合。具体水土保持区划指标体系如表2-4。

表2-4　水土保持区划指标体系

目标层（A）	要素层（B）	因子层（C）	指标层（D）
水土保持区划二、三级区划分指标体系	自然地理要素（B₁）	地形地貌因子（C₁）	地貌：平原，高原，盆地，山地，丘陵等 地形：平均海拔、地表起伏度、坡度、沟壑密度等
		气候因子（C₂）	年均暴雨日数、年均降水量、年均温、干燥度、≥10℃积温、大风日数、无霜期等
		水文因子（C₃）	地下水位、地表径流总量等
		植被因子（C₄）	植被类型、林草覆盖度、森林覆盖率等
		土壤因子（C₅）	地带性土壤、非地带性土壤、土壤类型等
	水土流失要素（B₂）	土壤侵蚀类型因子（C₆）	水力侵蚀、风力侵蚀、冻融侵蚀、水土流失面积比例等
		土壤侵蚀强度因子（C₇）	微度侵蚀、轻度侵蚀、中度侵蚀、强烈侵蚀、极强烈侵蚀、剧烈侵蚀等
		土壤侵蚀程度因子（C₈）	年平均土壤侵蚀模数、水土流失敏感度、土壤侵蚀潜在危险度等
	土地利用要素（B₃）	土地利用类型因子（C₉）	耕园地、坡耕地、林地、草地、未利用地等
	经济社会要素（B₄）	社会因子（C₁₀）	人口密度、年均人口增长率、农村人口比率、城镇化率、农村人均日用水量、人均耕园地、开发建设项目规模等
		经济因子（C₁₁）	生产总值、人均GDP、人均可支配收入、第一二三产业比例、农村人均纯收入等

（四）指标的量化分析

全国水土保持区划是一个复杂巨系统，本文针对的是全国水土保持区划二、三级区划分的指标体系构建，在进行水土保持区划指标体系构建的过程中，要以每个二级区和三级区的自然、生态、经济和社会背景基础，并依据属性和数值来取值。本文从全国角度对部分指标进行量化和分析。部分指标的内涵与计算如下。

1. 自然要素

1）地貌：平原、高原、盆地、山地、丘陵等。在水土保持区划中海拔高度指标是从海拔高度对气候的影响程度和海拔高度的实际差异来决定，可仍按基本地貌类型划分为低海拔（<1000m）、中海拔（1000~2000m）、亚高海拔（2000~4000m）、高海拔（4000~6000m）和极高海拔（>6000m）5个海拔等级。在二、三级区划中，为了区分地区差异，我们还可根据实际情况进行进一步细分。采用如下地貌分级标准。

表2-5　中国陆地基本地貌类型及其划分指标

名称	起伏高度（m）	<20	<30	<100	100~200	200~500	500~1000	1000~2500	>2500
海拔高度（m）	<1000				小起伏低山	中起伏低山			
	1000~3500	平原	台地	低丘陵	小起伏中山	中起伏中山	大起伏中山		极大起伏中山
	3500~5000				高丘陵 小起伏高山	中起伏高山	大起伏高山		极大起伏高山
	>5000				小起伏极高山	中起伏高山	大起伏高山		极大起伏极高山

2）地表起伏度：地形起伏度是指在地面一定距离内，最高海拔与最低海拔之差。在宏观的区域内反映了地面的起伏特征，与水土流失密切相关，在中高水土保持区划中具有重要意义，因此，将地形起伏度作为指标之一。

3）平均坡面坡度：是地表单元陡缓的程度，通常坡面的垂直高度 h 和水平距离 I 的比地面坡度是决定径流冲刷能力的基本因素之一。径流所具有的能量是径流质量与流速的函数，而流速的大小主要决定于径流深度与地面坡度。因此，坡度直接影响径流的冲刷能力。

4）沟壑密度：是指每平方公里内侵蚀沟（或水文网）的总长度，以 km/k ㎡表示，或称切割裂度。沟壑密度的大小，与区域地形、坡度、降水、岩性、径流、土壤抗侵蚀性、植被、土地利用类型和方式等有关。沟壑密度在黄土高原地区和东北黑土区表现得最为明显，可以很好地反映区域水土流失状况。因此，把沟壑密度作为水土保持区划的重要特征指标。

5）年均暴雨日数：是指一年中每小时降雨量 16 毫米以上，或连续 12 小时降雨量 30 毫米以上，或连续 24 小时降雨量 50 毫米以上的降水的降雨日数和。

6）干燥度：干燥度来划分干旱与湿润，比降水量指标更趋于合理，对农业生产更有实际意义，本方案就选用干燥度作为辅助指标进行水土保持的全国区划。干燥度可分为年干燥度、季干燥度及月干燥度等。干燥度指标用公式表示为：

$$K=W_0/R$$

式中：K——干燥度；W_0——水面可能蒸发量；R——同期降水量。

表2-6 我国干旱与湿润指标特征区间

名称	干旱地区	半干旱地区	半湿润地区	湿润地区
干燥度	≥4	1.5~4	1~1.5	≤1
多年平均降水量（mm）	≤200	200~400	400~800	≥800
植被	荒漠及半荒漠	草原	森林草原、草甸草原	森林

7）≥10℃积温：指日平均气温 ≥10℃期间的积温，是衡量多数作物可以利用热量资源的主要标志，是衡量作物生长发育对热量条件要求和评价热量资源的重要指标。

表2-7 我国温度带划分指标区间

指示指标 温度带	寒温带	中温带	暖温带	亚热带	热带
年均≥10℃积温（℃）	<1700	1700~3500	3500~4500	4500~8000	≥8000
土壤类型	漂灰土等	暗棕壤等	棕壤、黄壤等	褐土等	红壤、黄壤等
植被类型	针叶林	针阔混交林	落叶阔叶林	常绿针阔混交林	常绿落叶、阔叶林

8）土壤类型：土壤类型是反映土壤可蚀性的重要依据，土壤可蚀性直接影响着土壤侵蚀的程度。土壤类型是确定水土保持区划的重要指标。

表2-8 中国土壤分区

土壤区域	土区
东部森林土壤区域	华南、滇南砖红壤、赤红壤水稻区
	江南、台北红壤、水稻区
	西北红壤、黄壤、水稻区
	汉江、长江中下游黄棕壤、水稻土区
	辽东、华北棕壤、褐土、潮土区
	东北暗棕壤、白浆土、黑土区
蒙新草原荒漠土壤区域	内蒙古黑钙土、栗钙土、棕钙土区
	西北黑垆土、黄绵土、灰钙土区
	甘新灰漠土、棕漠土、风沙土区
青藏高山草甸、草原土壤区域	青藏东南部亚高山、高山草甸土区
	藏北高山草甸土区
	藏西北高山漠土区

（2）水土流失要素

土壤侵蚀强度单位面积上的土壤及其母质，在水力、风力、重力、冻融等外营力作用下，在一定时间内土体的流失量。

不同的坡度、不同地貌类型、不同土地利用情况和不同的水土保持程度会产生不同的侵蚀程度。所以，侵蚀程度在一定程度上可以反映当地的水土保持功能状况，从而指导区划的进行。在本方案中土壤侵蚀程度主要用不同土壤侵蚀强度面积占该侵蚀强度总面积的百分比来表示。各强度土壤侵蚀面积比例量化模型为：

1）水土流失面积比例

2）土壤侵蚀模数：单位面积和单位时段内的土壤侵蚀量，单位为吨每平方公里年[U（km²·a）]，或采用单位时段内的土壤侵蚀厚度的单位名称即毫米每年（mm/a）。土壤侵蚀评价主要以年平均侵蚀模数为判别指标，评价标准与方法采用水利部发布的土壤侵蚀分类分级标准。

表2-9　土壤侵蚀强度分级标准表

级别	平均侵蚀模数[t/（km²·a）]					
	西北黄土高原区	东北低山丘陵和漫岗丘陵/北方山地丘陵	南方山地丘陵/四川盆地及周围山地丘陵/云贵高原	西北黄土高原区	东北低山丘陵和漫岗丘陵/北方山地丘陵	东北低山丘陵和漫岗丘陵/北方山地丘陵
微度	<1000	<200	<500	<0.74	<0.15	<0.37
轻度	1000~2500	200~2500	500~2500	0.74~1.9	0.15~1.9	0.37~1.9
中度	2500~5000			1.9~3.7		
强度	5000~8000			3.7~5.9		
极强度	8000~15000			5.9~11.1		
剧烈	>15000			>11.1		

表2-10　风蚀强度分级表

级别	床面形态（地表形态）	植被覆盖度（%）（非流沙面积）	风蚀厚度（mm/a）	侵蚀模数[t/（km²·a）]
微度	固定沙丘，沙地和滩地	>70	2~10	<1000
轻度	固定沙丘，半固定沙丘，沙地	70~50	10~25	1000~2500
中度	半固定沙丘，沙地	50~30	25~50	2500~5000
强度	半固定沙丘，流动沙丘，沙地	30~10	20~100	5000~8000
极强度	流动沙丘，沙地	<10	>100	8000~15000
剧烈	大片流动沙丘	<10	2~10	>15000

（3）土地利用因素

土地利用是人类活动的集中体现方式。土地利用方式与程度直接影响着区域水土流失的强度和面积。本方案中选择土地利用方式为土地利用指标。

土地利用要素选择耕园地比例、坡耕地（5°以上）比例、坡耕地（15°以上）比例、林地比例、草地比例、未利用地比例作为土地利用要素指标组成。其中：耕园地比例是指耕地和园地的面积之和占土地总面积的百分比。因为耕地和园地都受到大量人为活动的扰动，所以合并进行分析，其因子量化模型为下式：

1）耕园地比例

2）坡耕地比例：坡耕地是导致水土流失的重要驱动因素之一，陡坡开垦对加速土壤侵蚀起着重要的加速作用。坡耕地面积比例是指不同坡度坡耕地占耕地面积的比例；

3）林地面积比例：是指区域内森林和灌木林地面积的比例占区域总面积比例；

4）草地面积比例：是指区域内草地面积占区域总面积比例；

5）未利用地面积比例：是指区域内未利用土地面积的占区域总面积比例；

（4）经济社会因素

自然因素是土壤侵蚀发生、发展的潜在条件，人类活动才是土壤侵蚀发生、发展以及得到防治的主导因素。人类活动可以通过改变某些自然因素来改变侵蚀力与抗蚀力的大小对比关系，得到使土壤侵蚀加剧或者使水土得到保持截然不同的结果。人类只有深刻认识，充分运用这方面的客观规律，才能达到有效控制土壤侵蚀、发展生产、能动地改造自然的目的。水土保持工作从本质上讲是如何保障山丘区农民大农业生产持续发展的一项事业，因而水土保持不单纯是一个技术问题，更重要的是一种经济行为。

水土保持与区域农业综合开发、农村产业结构调整、土地利用方式和区域经济社会发展有着密切的联系。农村人均 GDP，第一、二、三产业比重，人口密度，城镇化率等与区域产业结构调整和生态环境建设等互相影响，互相促进，互相制约。如城镇化率、农村人均日用水量和农村人均 GDP。

1）城镇化率：是指市人口和镇驻地聚集区人口占全部人口（人口数据均用常住人口而非户籍人口）的百分比，用于反映人口向城市聚集的过程和聚集程度。城镇人口比例，一定程度上反映了区域水土流失程度。

2）农村人均日用水量：是指区域内农村每人每天在生产生活中所需要的用水量。用来反映区域的缺水程度，为区域水土保持方向提供参考。

3）农村人均 GDP

还有农业发展指标：农业发展因子主要包括农业内部结构以及产值、粮食产量和农民收入等次级因子。粮食产量的提高，一方面靠提高单位面积产量来实现；另一方面则主要依靠开垦耕地，增加耕地面积实现，加之全国复杂的地形地貌形态，新的垦殖耕地以及不合理的耕作方式势必导致水土流失面积的增加。可见，农业发展与水土流失关系密切。

第五节　水土保持区划技术途径与方法

区划的技术途径、基本单元和区划方法是水土保持区划的关键，与水土保持区划原则，指标体系密切相关。区划方法根据区划的尺度、目标和内容又有所不同。

一、区划基本单元

水土保持区划单元是根据确定的区划原则、指标体系、区域水土流失防治任务目标和水土保持管理单元等综合考虑确定的。区划基本单元是区划分析统计的最小单元。如果使用地区作为单元，面积大而数量少，不适合作为基本区划单元；如果以乡级行政单元作为区划单元，乡级行政单元数量太大且数据获取十分困难；根据区划原则和水土保持工作的特点，本文采用县级行政区作为区划基本单元，可操作性比较强。重点考虑了如下几个方面：

（1）充分考虑水土保持的综合性和社会性。在许多自然地理区划中，行政区划作为"人为"的现象，是许多自然地理学家在进行研究时不予考虑的。但在许多经济现象的研究中，行政区划往往占有很重要的位置。水土保持是自然过程和人类活动双重作用下进行的，具有综合性和社会性。因此，在进行水土保持分区时，应该保持县级行政区域的完整性。

（2）水土保持的社会经济功能。县级行政区是我国水土流失治理活动的具体实施者，各种资源的统筹与调配都是以县级行政区为单位为进行的。保持县级行政区的完整性，对水土保持分区后提出的措施和问题能更有效地予以实施和解决。

（3）获取资料和实践应用。根据区划指标体系构建的特点和原则，区划的资料获取应具有实践性和完整性。县级行政区是我国国民经济统计的基本单位，许多社会经济数据都是以县为单位进行统计的，以县级行政区作为区划的基本单元，能够便于基础数据的获取和分析。所以要基本上保持县级行政界限的完整性，把区划主要自然、经济、社会因子影响降到最小。同时，考虑到水土保持区划的最终目的是应用实践，县级行政区作为水土保持工作的主要执行者，保持县界的完整性具有更强的应用性和实践性，有利于国家对水土保持工作的管理及科学合理的区域规划。

需要说明的是，由于各指标数据统计单元不一，对于市辖区作单一处理，即每个市辖区包括其管辖的区、县作为一个区划单元。同时，在某些县区由于、自然、社会、经济等所体现水土保持功能差异较大，但考虑到水土保持区划特点，基本不进行"破县（区）"的方案。

二、技术途径

在大中尺度范围内进行水土保持区划时，区域划分的层级往往较多。既有中高层次的区划单位，也要求有中低层次的区划单位，因为"自上而下"的途径具有宏观控制意义，而"自下而上"的区域单位的精确程度以补充，所以，本次水土保持区划采用了自上而下划分和自下而上两种途径确定不同层次级别的区划单元，并衔接和协调两者之间的关系，重点是确定了区划指标和方法。如全国生态地理区划，是以气候、地貌、植被和土壤类型图为依据，确定其整体生态地域类型，并在此基础上进行生态地理分区。还需要特别提出与主导因子原则相适应的主导标志法。选取反映水土保持区主要特征或分异主导因子的标志作为确定分区界线的依据，在进行高级水土保持区的划分时，某些硬性的量化指标，例如日平均气温 ≥10℃的天数和积温、年平均降水量等，应用非常普遍。划分中低级生态区时则较多应用非量化指标，如植被、土壤类型分布，地表物质组成，地貌类型变化等。吴绍洪以柴达木盆地为例，进行的综合区划，黄土高原生态经济分区；"自下而上"区划不但是"自上而下"区划的重要的补充，而且是"自上而下"区划的前提；只有进行了"自下而上"区划，才能得到较为准确的区划界限，自上而下区划的界限才具有更高可信度。

从定量与定性角度分析，定性的方法主要有传统顺序划分法、合并法、主导因子法等，采用经验性的定性方法可以很好地综合各种因素，发挥专家经验的优势，但具有很大的人控性，要想得到精确的界线，必须结合定量分析。随着统计学以及 3S 技术的发展，大量的定量区划方法得以很好的应用，主要包括统计分析中的聚类分析、主成分分析等统计学的方法，综合多因素多指标进行定量的系统分析，客观地、准确地进行水土保持区划，是水土保持科学发展的客观要求与必然趋势。因此，采用定性与定量相结合的方法是本次区划中主要应用方法。

总体来说，水土保持区划是研究自然地理、生态环境及其与人类活动之间相互关系的综合性、交叉性问题。水土保持区划注重的是地理事物的空间格局与地理现象的发生、发展及变化规律，追求的目标是人地系统的优化——人口、资源、环境与社会经济协调发展。所采用的研究方法，是自上而下与自下而上的演绎归纳途径和定性与定量分析相结合的综合技术途径。

三、区划方法

通过分析以往的研究成果，区划方法很多，区划时一般使用一种或多种方法。定性与定量相结合的方法应用比较普遍。定性的方法主要包括传统的顺序法、合并法、主导因子法、图形叠置法、地理相关法等，而随着现代地理学中的统计等数学方法的发展，又和3S技术的发展相结合，出现了大量的定量区划方法，主要包括人工神经网络方法、星座图法、模糊聚类方法、系统聚类方法、GIS空间分析法、综合分析法等。不仅实现了区划的理论演绎与逻辑推理，而且也实现了定量分析、模拟运算、预测、决策、规划及优化设计的手段。具体进行区划的方法很多，总结分析传统区划方法和现代数学方法的确定步骤，以及以往部门区划的特点如表2-11，不同的学科有不同的分类原理和方法，在实际工作中只有根据问题的性质选择不同的方法，才能使分类更加符合实际。下面结合本次区划所用到的区划方法进行简要总结和介绍：

表2-11　区划中常用的区划模型方法评价

模型类别	主要模型	工作原理	优势与不足
参数法	聚类分析	通过计算样本之间的距离进行归并	对于线性可分客体有较强的适应性，计算速度较快，可靠的统计基础，易分析对线性不可分客体适应性较差，易过度拟合或不足
	判别分析	建立分类准则和判别函数，判定待识客体的差异性大小	
	回归分析	通过最小二乘技术来获取输入与输出之间的数学关系	
非参数法	遗传算法	通过选择、交叉和变异等等操作获得最佳的分类树，处理对象不是参数本身，而是参数集进行编码的个体	非参数操作避免了数据拟合中的问题，对非线性问题具有较强的适应性，概念简单，迭代运行，计算高效，可使用高维数据；由于运行机制问题，对分类标准的解释尚不完全清楚
	人工神经网络	通过调节神经元之间的连接权重来获得表征个体特征的映射结构	
	分类与回归树	把数据集的输入空间划分为互斥区域，每个区域赋予一个标识，最终完成分类或分区	

（一）主导因子法

主导因子法即选取反映自然生态的地域分异等主导因素的某一指标作为确定区界的主要依据，并且强调在进行某一级分区时，必须统一按此指标来划分。此法是在综合分析的基础上，找出区域分异的主导因子作为区划的主要依据，由此得出区划界线比较明确。一个区划总体（如大的地理单元、省、县界等）所有区划线的确定，可以采用统一的主导因子，也可以分别采用不同的主导因子，但同一条区划线，只能采取统一的主导因子的变化界线去确定。主导因子法是区划工作中经常运用的方法。但如果机械地运用这种方法，必须结合其他方法结合使用。水土保持区划高级区也适合采用主导因子法。如：平原地区水土流失区划与评价模型试验采用主导因子法建立评价模型进行本底分级，生态功能区划方法学研究。

（二）空间叠置法

此法是将若干自然要素的分布图和区划图叠置在一起，得出一定的网格，然后选择其中重叠最多的线条作为综合自然区划的依据，也就是说，收集和分析有关资料，把影响水土保持区域特征的几个主要因子的变化线条分别绘成同一比例尺的透明图，再把这些图重叠起来，把各图界线重叠得比较密的地方，勾绘出地域分异界线，作为初步界线，对不重叠的线段，要分析原因，必要时实地踏勘，补充其他信息，对不符合的地方做相应修改，而后确定下来。叠置法可以减少主观性和随意性，并有助于发现一些自然现象之间的联系。套叠的图幅数不能过多，否则，往往会出现难以综合的局面。只有当主导因子不太突出，有些区划界线不太明显时才可以采用此法。

遥感与地理信息系统技术为区划研究提供了一种新的科学手段，遥感图像能够提供地表各种自然现象和经济现象等方面的丰富信息，它客观地、综合地反映了地表的真实情况。应用遥感手段结合地学分析方法，能够提供用常规方法难以获得的丰富的信息，便于人们正确地揭示地表区域分异的规律。随着 GIS 技术的发展，叠置法和空间分析相结合，得到了越来越广泛的应用。在主导因素不明显的情况下，选取适当的专题图进行叠加取得了令人满意的结果，此法可以作为第一部操作方法，通过专题图叠加，大致获得区域的四至边界，然后利用其他定量定性统计方法进行边界确定，往往会取得令人满意的效果。水土保持区划的各级区均可采用这种方法与其他方法结合使用。

（三）主成分分析

1901 年，Pearson 在的生物学理论研究中首次提出了主成分分析，后来在多元统计中得到广泛应用。每一指标变量都不同程度地反映了该类指标的信息，变量之间难免存在重叠、相关的关系。而主成分分析是解决变量多而复杂，且具有一定相关关系的问题，是把各变量之间互相关联的复杂关系进行简化分析的方法。主成分分析是对于原先提出的所有变量，建立尽可能少的新变量，保证原有信息损失很少的前提下，通过降维将原有的多个指标转化为一个或几个综合指标，即主成分，又称主分量分析。每个主成分都是原始变量的线性组合，并且各个主成分之间互不关系。信息的大小通常用离差平方和或方差来衡量。主成分分析作为基础的数学分析方法，比如人口统计学、数量地理学、数理分析等应用广泛，是一种常用的多变量分析方法。在区划中主成分分析对于处理多层次多指标的问题效果明显，如在主成分分析法的基础上，建立了基于主成分分析的农业综合干旱及旱灾区划模型，并将其应用于东北四个地区的农业旱灾区划；张超等在主成分分析的基础上完成了山西省水土保持区划，张青峰在主成分分析的基础上完成了黄土高原生态经济区的划分等。

（四）聚类分析

聚类分析是近代发展起来的定量化的一种常用的统计分析方法，它为了把互相差异的自然地理区域或现象进行分类和归纳，用相似系数与差异系数反映被分类对象之间亲疏程度的数量指标。两个客体之间的相似系数越大，其对应的差异系数就越小，这两个客体的关系就越密切，合并成一区的可能性也就越大。聚类的方法可以在二级区和三级水土保持区划分过程中进行应用。聚类分析法是根据分类对象特点的不同可以分为许多具体不同的方法。聚类分析主要有动态聚类法、系统聚类法、模糊聚类法等。本文研究中重点使用的系统聚类法进行了二、三级区水土保持区划研究。

在进行区划时，经常把系统聚类法和主成分分析相结合，通过对指标数据等资料的整理分析，先将影响区划的各因素分成不同的层次，从最低层次的因素聚类分析开始，把这一层次因素相同或相近的地区分为一类，然后逐次分析更上一层次、更加综合的因素，根据其异同对区域进行再聚类，直至因素的最上层次；实际上，它是将分类单元对应的指标因子构成分类矩阵。它是用标准化后的数据计算分类单元的相似系数，采用的统计方法有绝对值距离、欧式距离、切比雪夫距离等方法，较常用的是欧式距离。最后通过最短距离法、最长距离法、中线法、重心法、组平均法、距离平方和法等方法进行聚类分析，其中在地理区划中较常用的是距离平方和法。系统聚类包括对研究对象本身进行分类，对样品进行聚类的 Q 型聚类和对研究对象的观察指标进行聚类的 R 型聚类有两种形式。

（五）人工神经网络（SOFM）

人工神经网络领域研究的背景工作始于19世纪末、20世纪初。人工神经网络（ANN）经过多年的发展，学术界和工程界在人工神经网络的理论研究与应用方面取得了丰硕成果，在许多传统方法难以解决的领域中取得了成功应用。人工神经网络已在科研、生产和生活中产生了普遍而巨大的影响。人工神经网络是用大量简单的神经元广泛联接而成，具有分布并行处理、非线性映射、自适应学习及较强的鲁棒性和容错性等特性。

在无监督的情况下，对输入模式进行自组织学习，通过反复地调整连接着输入和输出的权重系数，最终使得这些系数反映出输入样本之间的相互距离关系，并在竞争层中将分类结果表示出来。SOFM 网络在结构上模拟了大脑皮层中神经元呈二维空间点阵的结构，在功能上通过网络中神经元间的交互作用和相互竞争，模拟了大脑信息处理的聚类功能、自组织和自学习功能，在解决模式识别和分类问题方面有很好的应用。

（六）专家经验法

此法也叫直观区划法，是先召集熟悉当地情况的专家学者和一线工作者，甚至是熟悉当地情况的农民，根据区划的原则，采取实地调研，开座谈会方式，研究在适当的地方，划出粗的分异界线，如地貌分界线，然后再收集和分析各种有关的资料，进行科学论证和做出相应的修改。这是当前常用的方法。此法的主观随意性更多，因界线确定是否合理直接取决于工作人员对地区水土保持分布规律，发展方向和经营措施的认识程度。

上述这些方法，可以单独使用，也可结合使用。它们的共同内容是根据自然界地域分异的因素，通过各种现象及其因果关系的分析，选出可以作为区划依据的指标。从全国水土保持区划来看，大区划分一般是采用主导因子法和专家经验判别的方法，这种方法比较明显，便于掌握，即以影响水土流失类型、强度、治理措施与水土保持发展方向的某几个主要因子作为依据，科学地确定最佳的区域界线。

第三章 水土保持生态文明建设与经济交互

在水土保持的生态文明建设过程中，少不了与经济建设与发展的相互影响。本章就水土保持在生态建设当中同经济之间的相互影响和相互作用来展开说明。

第一节 水土保持生态建设与区域经济发展

此处以山西大同为例进行说明。

一、水土保持生态建设的必要性

山西省大同市位于太行山以西，地处黄土高原东北边缘，为典型黄土高原类型区，气候干燥、风大沙多、降水偏少且时空分布不均，自然因素造成了大量的水土流失。作为我国主要能源重化工基地，在为山西省乃至全国的建设与发展做出巨大贡献的同时，也付出了沉重的代价，特别是采矿区，在长期的开发和建设过程中，忽视生态与环境保护，产生了大量的掘损地貌，造成了新的水土流失、水质污染和土地荒漠化。

脆弱的生态环境给大同区域经济发展和人民群众生产、生活带来严重影响。凡是水土流失严重的地方，大都是贫困地区，形成了"越穷越垦越流失，越流失越垦越穷"的恶性循环。据统计，占全市总面积 79% 的土石山区、丘陵区居住的贫困人口占整个大同市的比例超过 80%，这些地方普遍土地贫瘠，种植业和畜牧业都停留在初级水平，经济发展非常缓慢，可以说，水土流失是导致这些地方贫困的主要根源之一。总结大同市水土保持生态建设的实践与成效，探索水土保持生态建设可持续发展途径以支撑区域经济的发展，则显得尤为重要。

二、水土保持生态建设的实践与成效

保持水土、恢复生态关系到大同区域经济社会的可持续发展，已成为历届政府和人民的共识，为此，大同市牢固树立建设生态文明、促进人与自然和谐相处的核心理念，

把水保生态建设当作一项长期任务，经过多年不懈的努力，大同市的生态和环境发生了巨大的变化，人民生活质量明显提高。

（一）规划先行

治理水土流失，规划要先行。在编制规划中，大同市始终坚持全面规划、统筹兼顾、标本兼治、综合治理的原则，经过深入调研和科学论证，先后编制完成了《海河流域大同生态恢复规划》《21世纪初期大同市水土流失综合治理规划》《京津风沙源治理项目水利工程规划》等多项规划，对逐步改善全市生态与环境起到了蓝图导向的关键作用。

（二）科技引路

为了确保水土保持生态工程建设的质量和效益，大同市全面提高工程建设的科技含量，把科学技术贯穿到规划设计、作业实施、检查验收及成果巩固的全过程，有力地推动了水土保持生态建设的快速发展。如阳高县十二连山流域运用丰产沟整地造林技术，提高了整地度和质量，减少了植被破坏，增加了活土层厚度，增强了保水能力，提高了苗木成活率。大同县运用枝头裹扎塑料套技术栽植经济林，在春季大旱的情况下，苗木嫁接成活率达97%。

（三）多元投入

水土保持工程是一项系统工程，需要大量的资金作保障。除了财政投入的有力保障外，各级政府还通过制定优惠政策，鼓励企事业单位和个人承包、租赁、购买、股份合作等方式参与水土流失治理工作，积极推行水土保持产权确认制，为水土保持生态建设注入了新的活力。

（四）多措并举

大同市因地制宜，科学规划，以小流域为治理单元，以修建基本农田和发展经济果木为突破口，山水田林路沟综合治理，工程、林草、耕作措施优化配置，经济社会、生态效益并重，依靠自然修复与人工治理相结合，促进了水保生态环境的明显改善，也为农民增收、农业增产农村经济发展做出了贡献。如阳高县绿苑山流域京津风沙源项目，把流域治理与节水灌溉结合起来，既防止了水土流失，又增加了灌溉面积，充分发挥了综合治理的整体效益。

（五）监管并重

在加快水土流失治理的同时，大同市认真履行职责，依法行政，加大水土保持监督执法力度，取得了显著效果：健全了机构，成立了市水土保持监督监测中心，各县区也配备了水土保持监督执法队伍；社会各界的水土保持意识和法制观念明显增强，水土保持的社会影响力不断扩大；加强项目建后管护，初步实行了谁治理、谁管护，治理与管护一体化的机制；生态补偿工作取得了新进展。大同市作为全国煤炭补偿机制试点市，在建立矿区水保预防监测体系，进行水土流失动态监测方面取得了新进展，为建立水保生态补偿机制提供了理论依据。如左云县确立的"开发地下黑色宝库、建设地上绿色银行"的煤农经济发展方针，有力地保障了县域经济的可持续发展。

三、实现水土保持生态建设可持续发展的途径

大同市的水土保持生态建设虽然取得了显著成效，但水土流失仍然量大面广，侵蚀严重，防治工作任重道远。在今后相当长的时期内，生态环境承载力将不断加重，区域人口、资源、环境矛盾必将更加突出。因此要深入学习实践科学发展观，做好民生水利工作，促进传统水利向现代水利、可持续发展水利转变。当前，要实现水土保持生态建设的可持续发展，建议采取以下措施。

（一）服务"三农"，发展民生水保

水土保持治理要着眼于促进基本农田建设、推进农业产业结构优化调整、提高农业综合生产能力、改善农村生产生活和人居环境。应积极实施水保项目带动战略，同时要加快培育后续产业，巩固生态环境建设成果，努力使水保生态建设在促进农业增产、农民增收方面取得更大成果，促使水土保持生态建设更加适应新农村建设的远景目标。

（二）注重预防保护，加强行政执法

大同地区煤炭等矿产资源丰富，大量的采煤采矿活动使得人为形成的水土破坏难以得到有效遏制；另外在城市化、工业化进程中，开发建设强度加大，新的水土流失也不断产生，"一方治理，多方破坏，整体好转，局部恶化"的现象时有发生。因此，水保生态建设要克服重治轻防、重建轻管的思想，始终把预防监督和保护放在突出位置，实施保护、治理、预防三兼顾战略。当前要以控制人为水土流失为重点，进一步加强行政执法力度，完善水保监察网络的建设，加强采煤、采矿、修路、城市开发中水土保持的监督，对生产建设项目不编报水土保持方案、不按照审批的水土保持方案落实防治措施、主体工程已竣工验收而未进行水土保持设施验收、拒不交纳水土保持规费等违法违规行为，水土保持执法单位要及时发现，严肃查处，确保生产建设项目水土保持"三同时"制度的落实。

（三）加强学习研究，提高科技含量

实施科教兴水战略，提高水保科技含量，是达到水土保持生态建设高起点、高速度高标准高效益的有效途径。推进水土保持科技创新，提高水土保持生态建设的科技含量，尤其要加强水土保持灌草品种及其合理配置方面的研究，延伸水土保持产业链，提高水土保持成效；加大实用技术的推广力度，确定重点推广项目，落实推广经费，

加强对参与生态建设的管理人员、技术人员和农民的技术培训，促进科技成果向现实生产力的转化；要在增加水保治理经费投入的同时，加大对水保科研工作的资金投入，改善水保基地设施，更新设备仪器，提高水保科研的工作条件，同时要解决水土保持工作机构存在经费紧张、科技人员待遇低的问题，改善地处偏远山区基层水保人员的工作、生活条件，提高他们的工作积极性；强化基础工作。全面落实水土流失公告制度，努力将水土保持评价纳入经济发展评价体系，不断完善水土保持监测预报体系，强化监测评价的服务职能。

（四）强化政府行为，完善制度建设

水土保持生态建设是各级政府的一项重要职责。建议在水土保持生态建设中强化政府行为，在舆论宣传、组织协调、健全制度等方面充分发挥政府的主导作用。

要广泛、深入、持久地开展水土保持法规、政策和水土保持基础知识的宣传活动，并列入各级政府普法教育的重要内容，切实增强社会的水土保持国策意识和法制观念，让广大干部群众知法、懂法、守法。

要健全水土保持工作领导协调机构。进一步建立健全由各有关部门负责人为成员的水土保持委员会。制定水土保持委员会成员单位职责，明确任务，落实责任，形成政府主导、部门联合、各司其职、齐抓共管的水土保持工作氛围。

建立健全水土保持地方配套法规、监督执法体系和技术服务体系，从治理规划、技术服务、政策保障、资金管理、监督检查等方面建立水土保持生态建设发展的长效机制。

（五）有效增加投入，提供资金保障

充足的资金保障是水土流失治理的关键，因此要从多方面有效增加对水土保持生态建设的投入。加大政府投入，按照国家"多予、少取、放活"的农村经济方针，在积极争取国家水土保持资金的基础上，当地政府应进一步加大水土保持生态建设的投入，并将水土保持经费纳入财政预算。实行政策激励，通过优化环境，政策鼓励，实行民办公助、以奖代补、项目补助等办法，调动社会力量投入水保治理的积极性。引导市场投入，对规划范围内的可开发性治理的"四荒"资源实行有偿流转，采取户包、联产承包、股份合作、招商引资等方式，在办好土地权属流转手续和明晰产权的基础上，实行自主经营，自负盈亏，融集社会各方面的资金、技术、劳力等生产要素参与水土流失治理。

（六）立足区域特点，建立补偿机制

大同是以煤炭工业为主的典型资源型城市，煤炭开采是造成人为水土流失的主要原因。立足大同区域特点，按照"开发利用地下资源、建设地上生态环境"的思路，加快建立水土保持生态补偿机制，从资源开发收益中提取部分资金用于水土保持，对

于协调资源开发和生态建设，遏制人为水土流失现象，保障地区经济社会可持续发展有着重要意义。水土保持生态补偿费专项用于水土保持项目支出，在合理制定补偿主体，补偿标准，补偿方式的基础上，用好生态补偿经费，加快水土流失治理步伐，做到"治理一片，成功一片，见效一片"，使水保生态补偿机制发挥出更大的作用，生态补偿费也能发挥更好的投资效益。

第二节　水土保持生态建设的直接经济效益

这么多年来，我们只顾着发展经济，导致我们生活的环境遭到严重的破坏。因此现在构建生态文明非常重要。生态经济林是建设生态文明的重要方法，而生态经济林是在经济林的基础上建立起来的。它可以充分做到对资源合理有效的配置和环境的有效改善，这是一种创新。退耕还林、退园还湖还林的过程中，充分保持水土，控制沙尘。有效利用二次水源、节约用水。生态经济林更加符合我国现在可持续发展的发展目标。它可以使经济效益和生态效益都有很大的提高。

一、我国生态环境问题

众所周知，我国的经济发展过程是大力发展重工业、机械企业，这就使得我国的环境污染变得很严重，虽然我国的经济得到了发展，但是这给我们带来了多么大的环境问题呢？我们的家园被那么工业废气弄得很脏，渐渐进入我们的生活，损害着我们的身体，我国的生态环境被严重破坏了；工业气体的随意排放、工业污水治理不合理、绿地的砍伐和毁坏、填海造田等一系列人为活动给环境带来的问题都很严重，造成我国的空气质量大不如前。我国现在面临很大的问题就是环境问题，环境问题给我们带来的压力很大，而治理生态文明需要我们很大的人力物力，并且需要我们每个人一起努力。我国的生态文明形势严重，因此应该更加注重建设生态文明，生态经济林就是一种非常有效的途径。

二、生态经济林建设分析

（一）生态经济林的特点

生态经济林是现在建设最广泛的经济林区，它将经济效益与生态效益有效地结合在一起，从而使得生态效益和经济效益达到最大化。生态经济林建设的是一个高效可循环利用的生态系统，生态经济林可以使资源得到有效的配置，这样做既可以省下不必要的钱，又避免了人员和材料的浪费。它依靠的是生态系统的内部协调能力，可以有效地调节各种生物之间的关系，使生态系统可以持续高效地运转，生态经济林中各种生物都能相互适应，增长速度也很快。

（二）生态经济林的条件

建设生态经济林时往往要考虑建设地点的地理位置和人文条件。在建设生态经济林时，一般都选择降水量较大的地区，森林的土壤条件选择不一样性质的土质，因为生态经济林中加入了经济果园等元素，所以土壤条件中要考虑这一点，要注意因地制宜栽培生态经济林。建设地的政府应出台一系列政策来支持生态经济林建设，挑选专业的人才参与建设生态经济林，争取把经济林建设得更加满足环境治理的需要和达到更高的经济效益，并且应该多宣传它给人们带来的好处，让人们接受生态经济林，保护经济林。生态经济林还要再多建立一些工厂。

三、建设生态经济林的生态效益

我国经济在不断地发展，但是这使得我们的生态环境不断地遭到破坏，政府加大了对建设生态文明的重视，中央也出台了"五位一体"的发展目标，建设生态文明是使我国可持续发展的重要措施，建设生态经济林是使得我国生态文明得到改善的重要手段。建设生态经济林给我们带来了很大的生态效益。

（一）水体污染得到改善

建设生态经济林使得河水的污染得到了有效的治理，它可以充分地利用生态系统的自我调节能力，可以改善水体环境，这样就很有利地处理了废水，使得水质有了很大的改善，河水的沙子含量也很明显地减少了。

（二）环境得以好转

生态经济林的建成使环境得到了很好的治理。林区形成完整的生态系统，做到了退耕还湖，空气改善了，雾霾也就不再那么严重，气候也有了改善，使夏天不再出现高温预警天气，也让空气不再那么干燥。生态经济林的空气湿度大，所以这就使得我们生活的空气变得更加湿润，环境也能够得到治理。

四、建设生态经济林的经济效益

在建设生态经济林这短短的几年里不仅给我们带来生态效益，还给我们带来很大的经济效益。生态经济林在林区加入了果园种植，建设采摘园，它既可以让城市人们回归乡村，体验采摘的快乐，也可以让乡村的气息更加浓厚。本文将从两个方面进行经济效益的分析。

（一）药用价值

在生态建设林中，引入了松柏科的植物，如云杉和水杉。云杉的叶子可以做药，是很好的药材，因此林区可以更多种植云杉，这样就大大提高了药用价值，药材可以销售出去，提高了经济效益。

（二）果实价值

在林区里的采摘园不仅可以让顾客进去采摘，而且剩下的可以进行出售，对果园的水果进行处理，能够打开很大的市场，因为采摘园的水果蔬菜都是有机食品，这就让人们更加想要购买。并且林区的树木木材经过加工可以形成很结实的木板，进而形成家具。

虽然我国经济发展得很快，但是这带给我们的是我们对生态环境的严重破坏，这与我们经济发展的初衷是不一致的，因此政府和人们都越来越重视生态文明，生态环境对我们每个人来说都是很重要的，因此这也成为我们现在最为关注的问题之一，建设生态经济林是建设生态文明的重要方法，也是我国生态环境改善的有效手段。生态经济林是在经济林的基础上建立起来的，它可以充分做到对资源合理有效的利用和对环境的有效改善，而且生态经济林与经济林不同的地方就是它的经济效益。建设生态经济林可以给我们带来很大的生态效益和经济效益。

第三节　水土流失与洪涝灾害

水土流失不仅使表层土壤丧失，土壤养分大量流失，从而造成土壤贫瘠化、石化和沙化等土地退化现象，同时，水土流失又引起江河湖泊等水域的淤塞，造成河床的抬升和湖泊面积的萎缩，使其行洪泄洪能力差，从而引发洪水的泛滥。因此，水土流失不仅是土地生产力低的直接原因，而且也是洪灾和旱灾等灾害的间接原因，其造成的损失是非常严重的。水土流失的形成以自然要素（如地貌、地形、降雨量以及植被等）为内因，以人类活动为外因。

造成我国大面积水土流失的主要原因有以下几个：第一，我国地形复杂，山地、高原和丘陵分别占国土面积的33%、26%和10%，易于发生水土流失；第二，我国大部分地区的降雨量都相对集中，造成雨水冲刷强度增大；第三，由于人为的破坏，我国森林不仅覆盖率低，而且分布不均匀，森林结构简单，功能差，对水土保持起不到应有的作用；第四，我国人口多，尤其是农业人口占80%，而土地又相对贫乏，人们为了生产的需要，大肆进行开垦，尤其对坡耕地的严重垦荒，使得原本就易于流失的土壤的流失程度进一步加剧恶化。

洪涝灾害包括洪水灾害和雨涝灾害两类。其中，由于强降雨、冰雪融化、冰凌、堤坝溃决、风暴潮等原因引起江河湖泊及沿海水量增加、水位上涨而泛滥以及山洪暴发所造成的灾害称为洪水灾害；因大雨、暴雨或长期降雨量过于集中而产生大量的积水和径流，排水不及时，致使土地、房屋等渍水、受淹而造成的灾害称为雨涝灾害。由于洪水灾害和雨涝灾害往往同时或连续发生在同一地区，有时难以准确界定，往往统称为洪涝灾害。其中，洪水灾害按照成因，可以分为暴雨洪水、融雪洪水、冰凌洪水、风暴潮洪水等。根据雨涝发生季节和危害特点，可以将雨涝灾害分为春涝、夏涝、夏秋涝和秋涝等。

一、水利工程措施

水利工程措施是梧桐河流域中下游防洪除涝的根本措施。对于丘陵漫岗区要通过大量的修建水库、谷坊、塘坝、截流沟等水利工程，并结合田间工程措施、生物措施、技术措施，拦蓄地表径流，达到涵养水源和控制水土流失、来防止坡地洪水暴发，在保护了坡耕地的同时也保护了下游的农田，同时充分合理利用水资源，改善生态环境，变水害为水利。将来将要建设的关门咀子水库就是一座以发电、防洪为主，兼顾除涝、灌溉、水产的大型水库，它的建成将使下游的梧桐河堤防标准提高到20~50年一遇，再通过扩建加固鹤立河、石头河堤防，将使中下游地区的洪涝灾害得到有效的控制。田间工程措施主要在坡耕地里兴修水平梯田、坡式梯田、地埂等，以及调整垄向，等高作业，从而减缓坡度，截断地表径流，控制水土流失。

桐河流域中下游平原区的防洪治涝骨干工程布局基本定型，以防洪及排除地表水为主。堤防工程、排水工程及道路系统大格局已经形成，布局合理，沟道、道路线路顺畅。按设计标准完善加固梧桐河、鹤立河、石头河沿河两岸堤防及穿堤建筑物，防御河流洪水，实施后堤防将达到150多公里。涝区工程建设以工程续建配套为主，按设计标准扩建新建涝区内的排水沟道系统，修复和新建桥、涵、闸、站等建筑物，完善田间配套工程，及时排除内涝，同时整治容泄条件，保证涝区内外排水顺畅。

二、水土保持措施

种植水土保持林，控制水土流失，发展当地农业生产。水土保持林的主要作用是涵养水源，保持水土，防风固沙，保护农田，调节气候，减少或防止空气或水质污染，美化、保护和改善流域的生态环境，从而改变农业生产的基本条件，保证和促进农业高产稳产。据有关资料，林带可削减地表径流 80%，减少冲刷量 90%，增加土壤含水量 18%，提高抗御各种自然灾害的能力。营造和更新农田防护林，结合沟、路、渠布置新林带，同时对残破林带更新改造，使农田防护林林网化。

例如在梁顶、梁坡、梯田埂、沟头、沟坡、沟底、滩边、沟道两侧、环库四周、道路两侧以及有必要进行防风固沙的地方等等，根据不同的地形部位、侵蚀情况、防护目的，因地制宜，合理布局，正确选择水土保持林林种，并与经济林结合起来，以达到最大限度地减少径流冲刷和土壤侵蚀，防止洪涝、风沙、干旱等自然灾害，促进农业高产稳产。种植水土保持草是一项见效迅速、成效显著的水土保持措施，增加地面植被覆盖的同时还有一定的经济价值，可以提供饲料、肥料、燃料，综合利用。比较适合的草种有苜蓿、草木樨、毛叶苕子、野豌豆等，这些植物具有耐寒、耐旱、耐瘠薄，抗逆性强等特性，比较适合北方地区种植，并且可以与大田作物进行轮作。按规定坡度在 25 度以上（含 25 度）的耕地必须退耕还林还草，个别地区甚至要封禁治理。

三、水利工程管理

在水利工程管理上无论是垦区还是鹤岗均已成体系，初步改变了重建轻管现象。但在管理体制、资金方面仍存在一些问题。

一是管理设施不配套；二是管理人员、生产人员均未按规范要求进行配备，多数由地方或农场水务局的工作人员兼管，并且人员偏少，难以保证管理质量，因此应根据规范要求及当地的实际情况对相关人员及设施重新进行配备，完善涝区工程管理。在管理体制上实行统一领导，分级负责，专业管理与群众管理相结合，实行工程管理委员会、管理总站、管理站三级管理。因本流域由农垦和地方两部门管理，为协调好工程管理事宜，应成立工程管理委员会。工程管理委员会由管理站和各受益单位的有关领导组成，对管理站起领导和监督作用，可定期开会检查工作。工程管理总站、管理站为专职管理机构，在管理委员会和上级管理机构的领导下，具体完成各项工程管理任务。工程管理段为亦工亦农的管理组织，分管具体的工程项目。同时配齐各管理单位必需的管理站房及办公、交通、通讯等设施，保证工程管理工作的顺利开展。

第四节　水土保持生态建设与防洪减灾

"洪水"是暴雨或急骤融冰雪等自然因素引起江河湖库水量迅速增加、水位急剧上涨的自然现象。洪水灾害是指水利科学界通常所说的水灾和涝灾的总称。水灾一般是指因河流泛滥淹没田地所引起的灾害，涝灾指因长期大雨或暴雨而产生地面大面积积水或土地过湿致使作物生长不良而减产的现象。

洪水灾害作为威胁人类生命财产的主要自然灾害之一，其发生频率之高、灾害范围之广以及其对社会影响之大，在人类遭受的十余种自然灾害中均居于首位。洪灾损失一般有两类，其一是可以用货币计量的有形损失，其二是难以用货币计量的无形损失。有形损失又分直接损失和间接损失，直接损失是指洪水淹没造成的损失；间接损失是由直接损失而引起的损失。无形损失又称非经济损失，是指由于洪水造成的生命伤亡、疫病、社会不安定、灾区文化古迹遭受破坏以及文化教育和生态环境恶化等方面的损失。重大水灾往往直接关系到社会的安定与国家盛衰，我国自古就有"治国先治水"之说。

一、洪水灾害成因分析

我国江河洪水形成的直接原因是夏季的季风暴雨和沿海的风暴潮。在气候异常年份，某些江河流域出现强度大、笼罩面广的大暴雨以至特大暴雨，就形成这些江河的大洪水以至特大洪水。因此，气候异常、降雨过多是造成洪灾的直接原因。

水土流失所带来的后果，不仅仅是表层土体流失，土壤肥力降低，使植被覆盖率降低，土壤的含水量减弱，更大的危害是易导致洪涝的形成和加剧：水土流失是洪灾形成的重要原因，而洪灾又可使水土流失继续加重。如果不能很好地处理二者之间的关系，必将形成水土流失与洪水灾害的恶性循环。水土流失导致洪水灾害形成和加剧的主要表现：

1. 破坏生态平衡，引发山地滑坡。由于植被破坏、径流改变，土壤乃至地质结构受到影响，一遇暴雨，极易形成山体滑坡和泥石流，造成山洪灾害。众所周知，植被能护土，森林能洒水。树木的枝叶能拦截雨点，减轻雨点对地面的冲击，枯枝落叶能吸纳水分，起到缓流的作用，根系能贮水和逐水。因此，森林覆盖率高的地方，洪水就少见；相反，光山秃岭则洪水猛如虎，洪水定会频频光临。

2. 增加地表径流，加剧洪水泛滥。土壤表面经常受到雨滴侵蚀易形成表皮结皮，土壤入渗能力降低，使得降雨强度大于土壤入渗速度，雨水来不及入渗，迅速向低处流去，加剧了洪水泛滥。

3. 造成河库淤塞，降低工程效益。由于表层土壤裸露，在水力的侵蚀下，大量泥沙随河流流向塘库、江河，淤积的泥沙一方面减少了库容，削弱了水库的防洪能力，极易造成漫坝、垮坝，另一方面造成沟渠江河河床抬高，严重影响行洪能力，致使洪水宣泄不畅，水位上涨。

二、水土保持是防洪减灾的根本性措施

（一）水土保持的防洪减灾作用

水土保持是通过各种措施，控制和治理水土流失，提高环境的抗灾能力，从而起到降低灾害频率、减轻灾情的作用，在一定条件下，甚至可能避免灾害的发生。

（二）我国水土保持工作的进展情况

我国从 20 世纪 60 年代开始进行水土保持的研究工作，至今已进行了 60 余年的探索尝试。从以前单纯的考虑水土保持治理过渡到水土保持治理与水土流失预防监督并重，在水土保持治理的实现方式上将过去的仅以工程措施为主的实现方式转变为将生物。

措施、工程措施、保土耕作措施及小流域综合治理等多利措施密切结合的实现方式来进行水土保持综合治理。"预防为主，全面规划，综合防治，因地制宜，加强管理，注重效益"，改变了过去"防治并重"，而实际上"重治轻管"的倾向，强调以预防为主，加强管理和注重效益。实践证明，新形势下我国的水土保持工作不仅提高了防洪减灾的经济效益、社会效益，而且更加关注生态效益及环境效益，使我国的水土保持工作逐步纳入人与水可持续发展的轨道上来。

总之，水利建设是庞大的系统工程，水土保持是水利建设的基本内容之一。应一方面在上游和支干流沿岸搞好生态植被建设，一方而在干流上修建控制性骨干工程，十分必要。

第四章 水土保持林业生态工程理论基础

林业在水土保持工程中占据相当大的比重，故而在生态工程建设的过程中衍生出了林业生态工程这样一个分支，本章便围绕着其理论基础来具体阐述林业生态工程在形成、发展及种类等方面的问题。

第一节 水土保持林业生态工程概述

一、林业生态工程概述

林业生态工程是以美化和改善生态环境，以提高人民群众生活水平和幸福感为目的，以可持续发展为本，在一定的区域内开展的以植树造林、保育土壤、防沙治沙、美化地区环境和净化空气等为主要内容的工程建设。林业生态工程是根据生态学、景观规划等原理，针对一个地区的自然资源特征和社会经济发展现状，从地区生态环境与区域经济社会可持续发展的角度出发，以木本植物为主，并将相应的植物、动物和微生物等生物种群人工进行匹配结合，进而形成一种稳定、高效的人工复合生态系统的过程。

建设林业生态工程可以维护和改善生态环境，增加国家后备森林资源和森林资源总量，增强林业可持续发展能力。而对林业工程产出效益的评价，不能采用简单的经济评价方法和手段来进行，而是要结合林业生态工程的特点和目的，设计一套合理的因地制宜的投资效益评价指标体系，以此合理评价林业生态工程产出的效益。

二、林业生态工程的类型与作用

林业生态工程按功能主要划分为 4 种类型：生态保护型林业生态工程；生态防护型林业生态工程；生态经济型林业生态工程；环境改良型林业生态工程。其主要作用包括：水土保持作用，即防止水土流失、荒漠化和沙漠化扩大的作用；缓解水资源危机、改善大气质量、减少噪声污染的作用；林业生态工程可保护生物多样性；林业生态工程可促进经济可持续发展。环境改良型林业生态工程在林业工程中占有重要地位，对环境保护与改良有重要意义。我国环境改良型林业生态工程主要包括平原绿化工程、太行山绿化工程等。

环境改良型林业生态工程可在一定程度上缓解我国自然环境脆弱的局面，具有以下重要作用。首先，环境改良型林业生态工程可提高我国森林覆盖率，在一定程度上缓解荒漠化程度，同时涵养水源。我国森林覆盖率并不高，森林资源匮乏，森林面积与发达国家相比仍有一定差距。森林生态工程可有效增加我国森林覆盖面积，提高森林覆盖率。森林对土壤有较好的保护作用，可有效缓解土壤荒漠化，树木树冠树枝可缓解降雨对土壤的冲击，枯枝落叶可有效减少雨水对土壤的击溅侵蚀，而树木根系对土壤有较好的固定作用，可将土壤固定在一定范围内；森林具有调节径流，改善和净化水质的功效。我国是土壤荒漠化较严重的国家之一，土壤荒漠化导致土壤生产力大幅度减少，而森林生态工程在缓解荒漠化的同时，提高了土壤生产力。其次，环境改良型林业生态工程可有效缓解温室效应，净化空气。树木可通过光合作用将二氧化碳固定在体内，绝大部分陆地生态系统中的碳都被固定在森林系统中。有研究表明，$1m^3$的木材可固定350kg的二氧化碳。在美国，人们研究发现，森林可较好地吸收空气中的二氧化硫，同时，树木的分泌物可杀死细菌真菌和原生物等，大力建设生态工程可有效缓解日益严重的全球气候变暖问题，起到净化环境的作用。最后，环境改良型林业生态工程可在一定程度上降低噪声污染。森林可以吸收对人体危害最大的高频和低频噪声。

三、建设林业生态工程的原理

1. 系统性原理

林业生态工程作为一个系统，由若干个组分组合而成，各组分之间既相互独立又相互依存。林业生态工程需满足各组分的需求，是各组分充分发挥自身功能，且能相互促进。首先，每个组分都有各自明确的边界，具备自身独特的、不可替代的功能，且每个组分自身功能完好，能较好地发挥自身功效。其次，组分之间存在明显的相互影响效应，组分与组分之间可以互补促进，当其中一部分组分遭到破坏时，其他组分可加快遭受破坏的组分恢复。最后，各组分在占有量以及功能上需要协调互补，可以作为一个整体充分发挥作用。如何将各组分之间按一定比例协调，使各个组分都发挥出自身最大的优良属性，并使各组分作为一个整体朝着互利的方向发展，是每个林业工程需要考虑的问题。

2. 科学性原理

林业生态工程在建设初期要充分考虑科学性。首先，综合光热、气、水等各方面环境因素，选择适合林木生长的地理位置建造林业工程，同时，科学规划工程面积，满足生态工程要求的同时尽可能充分利用土地资源。其次，以适地适树的原则选择合适的树种进行生态工程建设，造林树种既要适应当地的环境条件，又要最大化地发挥环境效益。其次，在生态工程系统内合理设计食物链，满足物质与能量在系统中的循环。在森林生态系统中，物质与能量循环非常重要，因此，只有保证食物链的科学性与合理性，才能使系统长时间健康存在。最后，在生态工程的后期，需要合理进行管理，防止病虫害，杜绝火灾隐患发生。在进行造林时，造林树种不可过于单一，需要种植抗病虫能力较强的树种，加强生态系统防护，增强人们预防森林火灾的意识，加大宣传森林火灾的危害，从源头上消灭森林火灾。我国进入新时代后，科学技术有明显进步，要将森林培育等学科综合运用到林业生态工程建设中，建造科学合理的生态工程。

四、林业生态工程的建议

1. 将市场机制引入林业工程

一方面，建造林业工程可以为环境保护做出贡献，另一方面，也可产生经济效益，在后期为人们带来大量的经济效益。第一，林业工程后期可产生大量林产品，如植物果实或木材等，将其卖出可以获得利润提高收入。第二，转变观念，改革计划经济的管理方式。国家要在防护林建设工程中树立经济效益观念，要注重计算建设成本，明确投资标准。不能再像过去那样，只是靠号召、动员和象征性的补助开展工程建设。群众要树立环境意识和竞争意识，积极参与防护林建设，通过对营造林的投工投劳，获得经济利益。

2. 将专业化的管理融入林业工程建设

鉴于我国的发展水平，如今关于林业生态工程并未制定规范化的管理制度，使投入与产出不成正比，项目设计完成后无法顺利实施。同时，我国缺乏相应管理人才，且由于实践能力较差，一般无法将理论运用到实践中。为了应对这些问题，各地方政府需加快建设林业生态工程的管理机制，制定顺应时代、具有创新性的规章制度。同时，政府要发挥监督作用，严格把关工程建设的整个过程，保障从设计到实施高质量完成。林业工程的设计和实施需要更专业的机械和人才，需要国家大力投入经济培养人才、革新技术。

林业生态工程在环境改良方面发挥着巨大的作用，我国应加快林业生态工程建设，促进环境资源可持续发展，有效满足人们日益增长的各种需求。

第二节　发展史

森林是陆地生态系统的主体,是自然界最丰富、最稳定和最完善的碳贮库、基因库、资源库、蓄水库和能源库,具有调节气候、涵养水源、保持水土、防风固沙、改良土壤、减少污染等多种功能,对改善生态状况,维持生态平衡,保护人类生存发展的"基本环境"起着决定性和不可替代的作用。在各种生态系统中,森林生态系统对人类的影响最直接、最重大,离开了森林的庇护,人类的生存与发展就会失去依托。

由于历史和自然的原因,我国森林资源总量不足,质量不高,破坏严重,林业生产力发展水平仍然停留在较低的水平,经营管理粗放,体制转轨缓慢,林区社会发育程度不高,生产关系仍然很不适应生产力发展的要求,与经济社会发展对林业的多种需求相比,与世界林业发达国家相比,都存在着相当大的差距。尤其是水土流失尚未遏制,沙漠化面积有增无减,湿地资源持续减少,野生动植物受威胁程度很高,生态环境建设成本越来越高,生态产品严重匮乏,是我国经济与社会发展中一个十分薄弱的环节。

为加快生态建设步伐,扩大森林面积,增加森林资源,加快国土绿化进程,提高森林覆盖率,在政府的高度重视和正确领导下,早在 20 世纪的七八十年代,我国在开展全民植树运动的同时,就先后实施了以改善生态环境、扩大森林资源为主要目标的重点林业生态工程建设。1978 年,国家首先决定在生态环境脆弱的三北地区建设三北防护林工程,拉开了中国重点林业生态工程建设的序幕。随后,国家相继上马了沿海防护林体系工程、平原绿化工程、长江中上游防护林体系工程、太行山绿化工程、防沙治沙工程、淮河太湖流域防护林体系工程、珠江流域防护林体系工程、辽河流域防护林工程和黄河中游防护林体系工程等十大工程。

以 1998 年的特大洪水为契机,国家在启动天然林保护、退耕还林等新的林业生态工程的同时,突出新时期林业建设"生态优先,保护为主"的主线,体现"因地制宜,因害设防"的原则和林业在新时期的发展态势和时代特征,进一步对林业重大工程进行整合,所确立的天然林保护工程、退耕还林工程、京津风沙源治理工程等,在建设内容上涵盖了森林资源培育、防沙治沙、退耕还林、野生动植物保护等林业建设的主要方面,在地域分布上覆盖了全国 97% 以上的县,基本覆盖了我国主要的水土流失、风沙和盐碱等生态环境脆弱的地区,极大地改进了新世纪中国林业生产力发展的总体结构和区域布局合理化的进程。顺应社会经济发展形势的需要,沿海防护林体系建设工程、湿地保护工程等也正在紧锣密鼓筹划之中。以工程形式加快绿化进程,是林业生态建设有效方式,在客观上大大地加快了我国生态系统恢复和改善的步伐,为 21 世纪向更高的阶段迈进奠定了必要的基础。

另一方面,21世纪初开始试点并在2004年正式实施的森林生态效益补偿基金制度,也为生态公益林的持续经营奠定了基础。确立森林生态效益补偿基金制度,是落实科学发展观的重要举措,是推进林业历史性转变的重大突破,是依法治林的必然要求,是落实"以人为本"、保护务林人切身利益的具体体现。从补偿标准上看,尽管还停留在补助的水平上,但它毕竟标志着我国结束了长期无偿使用森林生态价值的历史,开始进入有偿使用森林生态价值的新阶段,是我国林业发展史上一件具有里程碑意义的大事,对加快我国林业生态建设必将产生历史性的深远影响。

进入21世纪,林业在我国现代化建设中的性质、地位和作用发生了深刻的变化。林业巨大的生态功能更加突显,必须承担起维护生态安全、促进人与自然和谐的神圣使命。为使我国林业提供产品和服务的能力尽快赶上国外林业发展进程,更加适应我国经济社会发展的要求,为增强人们生态意识,树立与强化人与自然和谐的观念,国家林业局提出建设现代林业的战略构想,力求通过综合运用现代人类的一切文明成果,对林业进行全面武装和改造,依靠现代科技手段,开发林业的多种功能,满足社会的多样化需求,提升林业建设整体水平。这一战略构想的付诸实施,必将进一步推动我国的生态建设,把更多更好的生态产品奉献给人民。

从国际上看,19世纪后期,由于过度放牧和无序开垦等,世界上许多国家各种自然灾害频发。进入20世纪中期以来,全球人口激增、资源破坏、生态危机日益加重。尤其是发展中国家面临的问题更加深刻,已经严重影响到自身的经济和社会发展的基础。为了解决生态问题,采取生态工程方式推进其建设的例子也不少,如:美国"罗斯福工程"、苏联"斯大林改造大自然计划"、北非五国"绿色坝工程"、加拿大"绿色计划"、日本"治山计划"法国"林业生态工程"、菲律宾"全国植树造林计划"、印度"社会林业计划"、韩国"治山绿化计划"和尼泊尔"喜马拉雅山南麓高原生态恢复工程",等等。但具体看,世界各国的生态建设发展趋势大为不同。欧洲、北美,日本、澳大利亚、新西兰等经济发达、林业先进国家,其林业已经走过了生态治理恢复的阶段,加上立法健全,因民的生态意识较高,对林业经营者的政策支持和补助到位,林业步入良性发展轨道和可持续发展的阶段,生态建设与林业经营在许多林地上已经实现了协同和相容,对于生态治理和恢复难度较大的,也由国家财政出资建设:而许多发展中国家,由于在工业化建设进程中资源消耗过大,环境恶化过度,又受本国的财力束缚,其生态环境的治理和重建不少只是处于起步阶段,任重而道远。

21世纪的前20年间,林业在国民经济和社会发展中的地位更加突出,承担的任务更加艰巨。林业管理者队伍,尤其是中高级专业技术人员必须不断提高理论水平和发扬实事求是的作风,准确地判断全国及当地的林业发展形势,科学地把握生态保护、生态修复和经济发展之间的关系,努力推动产业生态化和生态产业化的进程。为此,在本领域中,中高级林业专业技术人员需要强化以下几个方面的知识:熟悉新时期以生态建设为主的林业发展战略的相关理论；了解发展林业、修复森林生态系统在抑制全球气候变暖、建立国际碳汇市场、加强生物质能源建设、促进循环经济发展和清洁生产等领域中的重大功能和重要作用；深刻认识发展中国家实施政府独立出资型、行政强力推动型林业生态工程建设的非常规、非常态性；充分认识加快生态产业化进程、早日实现生态建设与经济发展良性互动，建立内部经济循环机制的紧迫性；分析与思考现有林业生态建设政策体系存在的主要问题，立足于各地的社会经济发展水平和现况，有效设计投入机制、微励机制和管理机制，提高民众对国家林业生态建设的参与度，提高经济投入的效果。

第三节　生态环境问题与林业生态工程的作用

一、生态环境问题

（一）自然环境先天脆弱

我国是一个多山国家，山区面积约占国土面积的 2/3，山区是我国众多江河的源头。由于地形复杂，在重力梯度、水力梯度的外营力作用下易造成水土流失，再加上地质新构造运动较活跃，山崩、滑坡、泥石流危害严重。同时，还有分布广泛类型多样、演变迅速的生态环境脆弱带，我国沙漠、戈壁、寒漠面积约占国土面积的 1/5。特殊的地理位置使我国季风气候显著，雨热同季，夏季炎热多雨，冬季干燥寒冷。我国降水量地区差异和季度变化大，导致全国范围内旱涝灾害频繁严重影响工农业生产。我国暴雨强度大，分布广，是易造成洪涝、水土流失乃至泥石流、山崩、塌方、滑坡的重要原因。我国北方易形成大风雪天气，在农业上有早晚霜出现。在我国独特的地质地貌基底下，一旦植被破坏，则水热优势立即会转化为强烈的破坏力量。

（二）水资源紧缺，污染严量

我国降水总量约 6 万亿 m^3。但全国现有水利设施供水能力 4660 亿 m^3，实际用水量 4770 亿 m^3，人均占水量仅是世界平均水平的 1/4。由于我国的季风气候特征造成水资源在年内、年际变化很大，一些河流出现连枯连丰现象年径流量的最大值与最小值之比相差几倍或十几倍。年内雨季集中，造成雨季绝大部分降雨随江河一次性入海，无效水比例大，其他季节河流径流量很少，引起洪水泛滥或供水不足。由于大量未经处理的生活与工业废水直接流入江河造成水质严重污染。

（三）森林覆盖率低

我国生态环境恶劣、自然灾害频繁的主要原因是森林覆盖率低，分布不均。我国森林主要集中分布在东北和西南地区，虽然如今我国实现森林面积、蓄积双增长，但森林覆盖率只有11.92%（世界平均覆盖率为23%）。在世界360个国家中，我国人均面积和蓄积位于120位。我国防护林比重不足，防护林面积仅占全国森林面积的12.2%。

我国区域性防护林过于零星分散，整体功能不强，与保护生态环境的需求不相适应。全国还有240万h㎡宜林荒山有待绿化，186万h㎡农田待建防护林网。根据一些国家的经验，防护林应占森林面积的20%~25%比较适合。

二、林业生态工程的作用

环境问题的实质是生态系统的维护问题。全球环境战略的重点将是优先改善或解决与全球环境密切相关的林业生态工程问题。基于对环境保护的新认识，我国环境保护工作的重点应逐步由污染防治转移到整个生态环境的保护与建设。

森林是陆地生态系统的主体和人类赖以生存的重要自然资源，是地球上功能最完善、结构最复杂、生物产量最大的生物库基因库、碳储库和绿色水库，是维护生态平衡的重要调节器。林业生态工程是国家生态环境保护和整治的基本内容和首要任务，是实现农业高产稳产、水利设施长期发挥功效减轻自然灾害的重要保障和有效途径。林业生态工程作用的实质是森林对环境的影响。林业生态工程不仅可以保护现有的自然生态系统而且可以使已破坏的生态系统重建、更新。

（一）林业生态工程与土壤侵蚀

森林的枯枝落叶层不仅可以吸收2~5mm的降水，而且可以保护土壤免遭雨滴的冲击。枯枝落叶层腐烂后，参与土壤固粒结构的形成，有效地增加了土壤的孔隙度，从而使森林土壤对降水有极强的吸收和渗透作用。树冠对森林土壤有双重作用，一方面可以减少降水到地面的高度和水量，林冠可吸收10~20mm降水，另一方面林冠截留的降水要积聚到一定程度才降落而且集中在一点上使得水的破坏力增强但作用不大。森林中有大量的动物群落和微生物群落活动，林木根系强大的固土和穿透作用都能有效地增加土壤孔隙度和抗冲刷能力。森林土坡的渗透速率一般在200mm/h以上。

（二）林业生态工程与荒漠化

1. 森林可有效地减缓温室效应

气候变暖主要是大气中温室气体（CO_2、甲烷、氧化亚氮等）的增加所致。研究表明，当全球大气中CO_2增加到当前水平的2倍时全球气温将上升1.5~4.5℃。到下世纪末气候变暖将使海平面上升，0.3~1.0m那时全球30%的人口势必迁移。陆地生态系统碳贮量约达 5600 亿~8300 亿 t 其中 90% 的碳自然贮存森林中。森林每生长 1m³ 木材可固定 350kg CO_2。热带森林碳贮量占全球陆地碳贮量的 25%，如今热带森林的破坏导致减少固定 CO_2 约 2 亿 t。

2. 森林可净化空气

森林对大气污染物有一定的吸收和净化作用。美国环保局研究结果表明，每公顷森林可吸收 $SO_2$7.48t、NO0.38t。森林通过降低风速吸附飘尘，减少细菌的载体，从而使大气中的细菌数量减少。许多树木的分泌物可以杀死细菌真菌和原生物。

（三）林业生态工程与经济可持续发展

林业以其保护性和生产性的特征，积极参与和协调社会 - 经济 - 环境大系统的循环。正如联合国环境与发展大会秘书长莫里斯·斯持朗所指出的："在推动环境与经济领域一体化这件事情上，为协调国家利益和全球范围的环境保护利益方面取得一致意见，没有任何别的问题比林业更重要了。"

1. 林业生态工程是可持续发展的物质基础

陆地四大生物生态系统一，农田、湿地森林和草原支持着世界经济。除矿产原料外，它们为工业提供了几乎所有的原材料；除海产外，它们为人类提供了几乎所有的食物。林业生态工程是陆地生态系统的主体，在四大生物生态系统中处于主导地位，并对农田、湿地和草原系统有着深刻的影响，在维护农田、湿地和草原的高产优质稳产上具有不可替代的作用。在可持续发展的社会中广泛建设农林复合生态经济系统，这样既可提供粮食、饲料和生物能源，又可以防止土壤退化，保证稳定的粮食与农副产品的供给。

2. 林业生态工程是可持续发展的环境基础

可持续发展必须遵循生态平衡准则，要在经济环境协调中求发展。森林是人类生存的自然环境基础，也是人类社会经济活动的物质基础，林业生态工程的环境效益是社会 - 经济 - 环境良性循环不可缺少、取代不了的基本因素。社会经济发展必须以依赖森林生态系统为基础的环境发展，否则是无源之水无本之木。只有加强林业生态工程建设，保护和发展森林资源才具有真正促进可持续发展的意义。

第四节　生态系统

一、我国林业建设现状

我国幅员辽阔，生物种类多样，据相关统计，我国高等植物达 27 000 多种，而木本植物在 7 000 种以上，但植被覆盖率低，主要原因是人类乱砍滥伐导致生态失衡，引发生态危机，生物多样性骤减。从 20 世纪 70 年代开始，政府加大了对生态关注的力度，特别是加大了对林业资源建设的投入，森林覆盖面积明显提升，但人均森林覆盖率依然低于世界平均水平。森林系统作为生态环境的重要构成，必须科学部署，重点关注与支持。21 世纪以来，我国相继推出了天然林保护计划、重点防护林建设计划、荒漠化防治计划、退耕还林还草计划等，以最大限度实现森林资源的保护，切实提高森林质量，丰富森林物种，走可持续发展之路。2021 年，我国全面加强法治工作组织领导和法治工作力量配备，积极推动林草立法进程，完善林草执法监督管理，广泛开展林草普法工作，坚持在法治轨道上继续推进林草治理体系和治理能力现代化。

二、森林的效益

稳定的生态环境是人类赖以生存的基础。从本质上说，忽视森林保护，必然会导致生态失衡，威胁到人类生存。森林保护、生态建设与人类生存、生产与生活息息相关，具有明显的生态效益、经济效益与社会效益。

（一）生态效益

森林高质量发展可以实现森林水源的储蓄和森林物种多样性培育，有效防治水土流失。而森林的蒸腾作用实现了气候调解，减少了洪涝灾害。此外，森林植被能吸收二氧化碳，有效改善城市热岛效应，缓解温室效应带来的气候变暖压力，有效应对极端天气等，为人类提供宜居的良好生态环境。

（二）经济效益

在生态效益以外，森林的经济效益也不容忽视。森林可以提供木材，用于生产；可以作为天然氧吧，发展旅游产业，继而带动旅游服务业的发展。森林经济效益的发挥建立在生态效益发挥基础之上。

（三）社会效益

森林也具有一定的社会效益。森林高质量发展实现了森林生态系统的平衡调节，也维护了森林生物的多样性，为人们提供了生态宜居的环境，给人们的身心带来了愉悦享受。森林资源的合理开发满足了人们的生产、生活需要，调整优化了社会经济结构。而从长远看，森林资源也将造福子孙后代，其社会效益十分明显。

三、林业生态工程建设内涵及意义

（一）林业生态工程建设内涵

所谓林业生态工程建设是在林业种植技术使用时，把生态经济学、系统科学、生态学等有关的技术做好，保证在生态技术控制使用过程中，可以有效地控制好对应的林业生态技术。依据林业生态工程建设技术运用情况，确保在分析的时候可以整体提高林业生态工程建设的实质效果。

（二）林业生态工程建设的积极意义

在林业生态工程建设过程中，它属于林业资源建设和发展的主要保护手段，需要对建设时具体要素做深入的探析，并且在分析林业工程建设技术的运用时，一定要重视种植技术里的造林技术，并控制这个过程中的主要技术，进一步做好整体性的分析，凭借技术控制分析时的实施策略，有效建设相应的林业种植技术。

四、森林培育与生态系统建构中存在的问题

（一）培育理念较为落后

森林培育与生态建构中也必须创新理念，以实现森林质量提高。在林场管理中，有部分林业管理人员在森林培育过程中更注重眼前利益，导致森林培育不足、开发过度。在森林管理中沿袭传统的管理模式，管理被动，且视野局限、思维局限，缺乏大局意识，管理较为零散，整体实效性差；在森林培育中重种植、轻养护，过分注重造林密度的提升，后期的人工林抚育、除草、养护等工作做不到位或跟进慢，中龄林抚育不及时、不到位的情况突出。经营理念不合理导致经营方式不合理，森林培育各环节工作无法协调，分工不明确，工作重点不突出，森林培育进程慢，成效低，不够专业。

（二）忽视实际，森林培育方法不合理

森林高质量发展必须重视培育，而培育方法选择是否得当会直接影响培育效果。我国森林培育中常常存在培育方法选择不当或者培育不规范的问题，究其原因主要是没有根据森林资源的实际情况进行森林培育，森林培育没有因地制宜，导致森林资源浪费。此外，我国林业管理人员在森林培育与生态建设中也没有充分认识到科学技术的助推作用，没有切实实现科学技术的价值。森林管理与培育过程中科学技术水平低，综合性森林资源综合开发力度小，利用规划不合理，难以实现森林培育与生态建设的预期目标，多数林场综合性森林资源利用管理体系建设不到位，森林产业化发展受限。

（三）管理不足，集约化发展不理想

提升森林质量必须做好林业经营与管理工作。当前森林经营方式较为传统，与市场经济发展的环境匹配不佳，导致森林集约化程度低。与世界平均水平相比，我国森林生产能力弱，集约化经营程度低，无法满足社会发展与生态环境保护的要求。在经营模式上，我国多套用同种森林培育与经营方式，林木生长不符合地区实际，生长受限，森林培育效率低。

五、构建林业生态系统提高森林质量的优化举措

（一）创新森林管理理念

要想提升森林质量，走生态建设之路，必须以生态文明思想与可持续发展理念指导森林培育、林业管理、生态建设等。以思想带动行动，让生态文明建设落地。具体来说，要增强各阶层、各主体的生态文明建设责任感、使命感，激发其森林培育与生态建设的自觉性，将生态文明建设落实到具体的行动中，在充分解读生态文明建设内涵基础上，加快林业结构的转型升级，淘汰落后的生产方式，追求人与自然和谐相处。要牢固树立绿色发展理念，多方宣传，让该理念深入人心，调动社会力量，参与林业保护与建设，使得生态建设群众基础更稳定。认识到森林与经济发展的关系，关注社会的循环良性发展。要在林业建设、森林资源保护与管理中承担责任，抓重点，解决主要问题，竭力突破林业发展、森林建设的难点问题，从薄弱处、难点入手，严查违规操作、执行不力、肆意破坏等行为，让森林高质量发展更富实效。

（二）完善森林管理机制

要想实现森林的高质量发展，积极构建和谐的生态系统，必须抓机制建设，将责任落实到人，调整优化森林培育与生态建设的管理方式、策略。鉴于林业发展中存在的森林资源重开发轻保护、重开采轻投入等误区，必须强化监督与教育，并积极推行森林资源保护制度，动员人们自觉参与森林资源保护与林业管理。具体来说，要加强政策的宣导与贯彻执行。应不断细化国家森林资源保护、森林培育、生态建设的方针政策，基于地区实际，制定可行的地方森林保护准则、实施方案等，确保制度落实到位，让林业建设、森林资源保护等常态化。要加强森林资源保护执法，基于国家储备林建设的相关项目，建立专门的林业督查管理组，打造年轻的高素质森林资源保护执法队伍，加强与公安、消防、教育部门等的联合，构建地区森林培育、林业管理的新格局，形成重视森林资源保护，推动森林高质量发展的社会风气。要强化问责，加强生态环境保护领域执政问责力度，建立生态问责、林业建设问责、森林资源管理问责等机制。多元问责机制的落地可促使生态环境问题监督治理常态化、长效化，同时要在问责中

坚持终身问责制，严肃处理，彻查到底，对于破坏森林资源、违反森林保护条例的行为绝不姑息。

（三）提高森林管理的技术水平

构建林业生态系统，进一步提升森林质量必须多管齐下，多措并举。不仅要关注林业建设、森林保护，也要关注林业经营转型、林业管理实效评估等。要继续夯实"林长制"，加大森林培育与管理的信息化建设投入，采用定位巡护信息系统，明确森林资源保护发展的各项责任目标，统筹部署，大局调控，细节兼顾，总结林业建设发展及管理的有效举措，积极共享。要扎实推进森林资源保护工作，加强森林督查，及时发现问题，及时督促整改，跟踪关注，让涉林生态环境问题得到彻底解决。要重视自然保护区的建立、整合与优化，在前期充分调查摸底的情况下，进行价值评估、预案编制、审核上报，让自然保护区的设立更及时、分布更合理，奠定森林高质量发展的基础。要在涉林生态建设中做好林业灾害防控工作，加强林业病虫害防治，加强疫木源头化管理，抓重点、聚焦难点，强化野外用火巡查，及时排查森林火灾隐患等，减少森林火灾发生率，确保林业高质量发展，同时切实维护好生物多样性，打造和谐的新型林业生态系统。

六、林业生态工程建设实施策略

1. 优化造林整体水平，实施经营保护管理措施

在林业生态工程建设中，必须有操作性强的组织施工来实施造林生产，展开造林工作，并完善造林机制还需建立健全对生态工程的保护管理机制，将林区的管护工作细化，下发到每一位工作人员。对于林业采伐进行严格的把控，分别做好林区的管理工作、培育工作、监督工作，将各项工作落到实处，从源头保障林业建设的可持续性。

2. 大力扶持生态工程建设，加大资源投资力度

为确保林业生态系统工程的整体建设水平，有关部门应有效落实放管服政策，不仅需要放宽林业生态工程建设的投资限制，还需要积极地增加林业生态工程建设的投资力度，将生态林业系统的建设的投资审批程序尽可能地简化。以保障生态林业的工程项目建设资金可以迅速应用到林业生态系统工程的建设工作中去，有效地加快实施生态林业开发策略。政府在生态林业工程的建设当中需要起到积极的引导作用，除了在工程建设中发挥作用外，还可以利用政府的公信力，呼吁各行各业的人们帮助生态林业工程的建设，尽可能地扩大工程建设融资渠道，并向那些帮助生态林业建设的人给予一定的奖励。同时，必须在生态林业工程建设的过程中，监督项目资金的分配和使用，加强生态林业专项建设资金的监管力度，确保资金用在刀刃上。

第五节　天然林生长保护管理策略

一、科学化采伐

要想实现天然林的生长保护策略在现实林业工作领域发挥出积极作用的目标，还必须特别注意，在林业生态系统工程的建设过程中，充分融合林业种植技术以及天然林保护策略，针对当前生态林业工程所在地域环境的具体情况，做好技术应用分析。运用科学的林业管理策略，对生态林工程总体建设以及采伐进行良好的科学的管理，并通过科学的林业管理技术的应用，及时监测相应的采伐工作，保障生态林业的总体平衡。

二、提升保护技术

在林业生态工程项目的建设过程中，必须特别注意森林保护相关技术的应用。同时，在相关技术的应用过程中，应在天然林和人工林保护方面应用更多新的生态林业技术，特别是采用积极有效的病虫害防护措施，并应定期对林木种植区域进行喷洒农药。保护天然林和人工林，确保在农药喷洒工作结束后可以有效地处理林木病虫害问题。根据我国林业生态工程管理工作的实际情况，天然林工程以及人工林工程的保护技术还有很大的发展和完善的空间，以便在实际的林业保护过程中可以有效地发挥出有效的作用。

三、建立保护体系

在林业生态工程项目的建设过程中，必须很好地完善和实施相应的林业防护技术，并有效地落实建立在天然林保护技术基础之上的人工林的科学有效的防护体系，对林业工程的保护体系的有效建立，可以保障林业生态系统持续稳定，健康可持续的发展。

四、科学分析采伐强度

积极有效地保护天然林的生态系统，提高天然林的生长环境，增加森林的有机积累，大大加快森林的生长速度，优先考虑林区的生态效益，保障林区的发展安全。提高影响森林生长的问题的解决效率，参与天然林保护的部门应根据林区的生长以及开发的实际情况，进行适当的调整，并制定科学性强、针对性强的林业采伐计划，以确保森林面积可以维持在一个稳定的范围内，推动林业的高质量发展。

第六节　生态功能

生态功能是对生态环境起稳定调节作用的功能，常见的有：湿地生态系统的蓄洪防旱功能、森林和草原防止水土流失的功能。生态价值是区别于劳动价值的一种价值。指的是空气、水、土地、生物等具有的价值，生态价值是自然物质生产过程创造的。它是"自然 - 社会"系统的共同财富。无机环境的价值是显而易见的，是人类生存和发展的基础。

生态就是指一切生物的生存状态，以及它们之间和它与环境之间环环相扣的关系。生态的产生最早也是从研究生物个体而开始的，"生态"一词涉及的范畴也越来越广，人们常常用"生态"来定义许多美好的事物，如健康的、美的、和谐的事物均可冠以"生态"修饰。指生物在一定的自然环境下生存和发展的状态，也指生物的生理特性和生活习性。

就比方说热带雨林：热带雨林是地球上动物种类最丰富的地区。丰富的植物种类为各种各样的动物提供食物和栖息场所。热带雨林能提供大量的木材、珍贵的经济植物，能保持很大的生物多样性，对维持生态平衡，防止环境恶化等具有重要作用。然而，热带雨林雨水丰富，土壤贫瘠，物种之间竞争激烈，一旦森林被破坏，会引起水土流失，导致环境恶化，而且难以恢复。因此热带雨林的保护迫在眉睫，并早已成为世界各国普遍关注的重要问题。雨林里茂密的树木，在进行光合作用时，能吸收二氧化碳释放出大量的氧气，就像在地球上的一个大型"空气清净机"，所以热带雨林有"地球之肺"的美名。除此之外，热带雨林水汽丰沛，蒸发后凝结成云，再降雨，成为地球水循环的重要部分；不仅有助于土壤肥沃与生物生长，也有调节气候的功能。

1. 净化空气——空气的净化物。据测定，森林中空气的二氧化硫要比空旷地少15%~50%。若是在高温高湿的夏季，随着林木旺盛的生理活动功能，森林吸收二氧化硫的速度还会加快。相对湿度在85%以上，森林吸收二氧化硫的速度是相对湿度15%的5~10倍。

2. 具有自然防疫作用。树木能分泌出杀伤力很强的杀菌素，杀死空气中的病菌和微生物，对人类有一定保健作用。树木分泌出的杀菌素数量也是相当可观的。例如，一公顷桧柏林每天能分泌出30公斤杀菌素，可杀死白喉、结核、痢疾等病菌。

3. 天然制氧厂。森林在生长过程中要吸收大量二氧化碳，放出氧气。据研究测定，树木每吸收 44 克的二氧化碳，就能排放出 32 克氧气；树木的叶子通过光合作用产生一克葡萄糖，就能消耗 2500 升空气中所含有的全部二氧化碳。照理论计算，森林每生长一立方米木材，可吸收大气中的二氧化碳约 850 公斤。若是树木生长旺季，一公顷的阔叶林，每天能吸收一吨二氧化碳，制造生产出 750 公斤氧气。全球森林绿地每年为人类处理近千亿吨二氧化碳，为空气提供 60% 的净洁氧气，同时吸收大气中的悬浮颗粒物，具有极大地提高空气质量的能力；并能减少温室气体，减少温室效应。

4.天然的消声器。据研究结果，噪声在 50 分贝以下，对人没有什么影响；当噪声达到 70 分贝，对人就会有明显危害；如果噪声超出 90 分贝，人就无法持久工作了。森林作为天然的消声器有着很好的防噪声效果。实验测得，片林可降低噪声 5~40 分贝，比离声源同距离的空旷地自然衰减效果多 5~25 分贝。

第七节　生态环境脆弱带

生态环境脆弱带是指生物链简单、易断裂、容易发生生态破坏、系统恢复力和抵抗力较差的地区。

一般生态环境脆弱带分布在地表植被覆盖率低、动物物种少的地区，或不同群落的过渡带，或人类影响较大的区域。

在我国脆弱带，如西部干旱缺水的草原和沙漠地区，湖泊周围，山地与平原的交接带。河流沿岸受人类影像深刻的区域，以及浅海域等。

一、生态脆弱地区相关概念界定

（一）脆弱性的内涵

脆弱性的英文表达为 vulnerability 或 fragility，在《辞海》中定义为：脆弱：易折易碎《考工记·弓人》；脆性：材料受力破坏时，无显著的变形而突然断裂的性质。因此，可以看出，这一物理概念涉及三个方面的含义：它是物质自身的一种属性，具有客观性；它通过外力作用，使物质发生形变而表现出来；突然断裂意味着外力消失后，物质不可恢复到原状。

最初，脆弱性研究多集中在地学领域，且这一术语多频繁地出现于风险和灾害等方面的文献中，但如今对脆弱性的研究由自然系统拓展到人文系统甚至人类环境耦合系统的研究。

由于人们认识的取向不同（如政治生态、人文生态、自然科学、空间分析等）和研究方法的不同，对脆弱性的定义也不尽相同。当然，对研究主题（如饥荒、沙漠化、干旱、洪涝、经济、技术等）和研究区域的选择不同（如发达国家、发展中国家、海岸带、干热谷、绿洲、农牧交错带等），也影响脆弱性概念的含义，自然科学工作者往往从研究环境变化（如盐渍化、草场退化、沙漠化等）去定义脆弱性，研究的对象多是自然生态系统；社会科学工作者则更多关注造成人类脆弱的政治、经济、城市、产业、社会关系和其他组织结构，研究的对象往往是人文系统。

（二）生态脆弱性内涵

20 世纪初，美国学者 Clements 首先提出了生态交错带概念，认为生态脆弱性主要是在特定的地理背景和人类活动影响下，生态系统物质、能量分配不协调的产物，并由此提出了生态过渡带理论，此后，对于生态脆弱性展开了持久的研究。

1972 年"联合国人类环境会议"在斯德哥尔摩召开，这是世界各国政府代表第一次在一起讨论环境问题，会议通过了《人类环境宣言》，并成立联合国环境小组开始协调国际环境监测活动。1987 年世界环境与发展委员会在《我们共同的未来》报告中提出了可持续发展的概念。此后，1989 年第七届国际科学联合会环境问题科学委员会和 2000 年联合国启动的"新千年生态系统评估计划"（MA），极大地推动了生态脆弱性的研究。

我国对生态脆弱性的研究起步较晚，近十年来提出的"可持续发展纲要""科学发展观""全国主体功能区划"以及《生态功能区划暂行规程》的实施都对生态脆弱性的研究工作起到了巨大的推动作用。

不同领域的学者对生态脆弱性的理解各有侧重。生态学家更多的是从生态系统的角度进行研究，主要强调系统内部演替和外部干扰所引起的脆弱性，物种变化是它的主要研究尺度。而地理学家除了考虑生态系统之外，更多的是关注全球变化和人地关系对生态系统的影响，根据地质地貌、水文气候等自然要素的差异，研究手段涉及时空尺度、景观尺度等多尺度的变换。

综合和分析诸多学者的观点，我们认为生态脆弱性是一个涉及多学科的综合性概念，是指当生态系统受到外界干扰作用超出自身的调节范围时，表现出对于干扰所具有的敏感反映和自我恢复能力，是自然属性和人类干扰行为共同作用的结果。也就是说无论成因、内部环境结构、外在表现形式和脆弱程度如何，只要它在外界的干扰下易于向生态系统退化或外部环境恶化的方向发展，就都应该视为脆弱生态系统。主要包含三方面的含义：第一，脆弱性的存在具有区域性和客观性，即在特定的区域条件下，生态环境自身所具有的属性。第二，脆弱性只有在"外界干扰"下才表现出来；这种干扰包括来自人类活动的影响和自然力左右；扰动可能使生态系统产生正负反馈两种结果；驱动力的作用机制、过程、结果与区域尺度以及干扰类型、特征、强度等有关。

第三，生态脆弱性研究如今还主要是定性研究，可以通过敏感性和稳定性等指标进行量化评价。

（三）生态脆弱地区的概念

关于生态脆弱地区（也称生态敏感地带）的研究始于 20 世纪 60 年代。20 世纪 60 年代国内外部分学者开始从生态学角度入手对边缘地带进行研究，从而提出了生态脆弱地区的概念。20 世纪 80 年代后期至 90 年代中期，国外学者和中国地学、环境等领域的学者将 ecotone 中过渡地带的思想引入各自研究中，形成生态脆弱带或生态环境过渡带等概念。

生态脆弱地区也称生态交错区（Ecotone），是指两种不同类型生态系统交界过渡的界面区域，这些交界过渡的界面区域生态环境条件与两个不同生态系统核心区域有明显的区别，是生态环境变化明显的区域，已成为生态保护的重要领域。

一般认为，生态脆弱地区有两层含义：一是指介于两种或两种以上具有明显差异性的生态环境之间的过渡或交错地区；二是指生态环境的变化将引起土地生产力的明显下降乃至消失，进而导致经济严重衰退的地区。它的基本特征可以作如下表达：可被代替的概率大，竞争的程度高；可以恢复原状的机会小；抗干扰的能力弱，对于改变界面状态的外力，只具相对低的阻抗；界面变化速度快，空间移动能力强；非线性的集中表达区，非连续性的集中显示区，突变的产生区，生物多样性的出现区。

"生态过渡带"并非都是"生态脆弱带"，只有具有敏感退化趋势的生态过渡带，才称之为生态脆弱带。具有明显脆弱性的生态环境，通常具有下列特点之一或者几种特点的组合：环境容量低下；生态弹性力小，抵御外界干扰能力差；生态环境敏感性强，系统稳定性差；自然恢复能力差等。

二、脆弱生态环境的成因与类型

（一）脆弱生态环境的成因

支配和造成脆弱生态环境的要素和条件不外乎有两类：一是系统自身存在先天的不稳定性和敏感性，即结构型脆弱；二是外界的压力或干扰使得系统遭受损失或产生不利变化，即胁迫型脆弱。

1. 结构型脆弱性

结构型脆弱性主要是由系统自身的结构决定的，主要体现在系统自身的不稳定性和敏感性两个方面。

①系统的不稳定性

稳定性是系统的最基本特征，系统的脆弱性与其稳定性呈反比关系。系统越稳定，则抵御外界干扰的能力越强；相反，系统稳定性差，则越易受外界干扰的影响，其脆弱性越强。系统是由要素组成的，各要素之间相互作用相互影响，从而维持系统的整体功能。系统各要素之间的联系，一旦改变或中断，系统就会丧失原来的性质和功能，结果变得不稳定。所以说，系统退化是其内部组分及其相互作用过程的不良变化。这些不良变化会引起系统功能的退化和生态学过程弱化，最终导致系统自控能力弱而极不稳定。现实中，任何系统都存在不稳定的要素，或者说一些要素变化的潜势较大。当这些要素变化的潜势超过一定阈值时，整个系统则变得不稳定且极易受外界压力的影响。

②系统的敏感性

敏感性是系统本身固有的属性，同时又受外界环境扰动的影响。敏感性作为脆弱系统特征之一，反映系统及其组成要素对外界扰动产生响应的灵敏程度。敏感性不仅决定于系统的内部结构，同时受外界干扰因子的影响。系统中不同要素在同一扰动因子作用下其敏感性表现不一样；同一要素在不同扰动因子作用下其敏感性也不相同。所以，对具有脆弱倾向的系统来说，系统内部各种因素的作用关系易于产生变化。往往由于一个因素的变化或扰动会触发其他多个因素的"链式"反应，进而对系统的整体的质、量关系产生根本的影响。脆弱系统敏感性的突出表现形式在于，主导因素的改变易使系统整体发生变化，且变化幅度较明显。一方面，脆弱系统的主导条件处于临界（边际）状态，其保持稳定的临界范围较窄；另一方面，脆弱系统本身对于干扰因素的抗逆性、承受能力相对较差，其系统的自我维持能力较弱。所以，在大多数情况下，如果一个系统对外界的干扰越敏感，其脆弱性也就越强。如喀斯特环境中的植物群落为第一性生产者，并与其他的动物、微生物共同组成了一个生态系统，生态系统中的物质、能量转换是由食物链或食物网来实现的。而在喀斯特环境中，生态：系统的能量转换过程对森林变化比较敏感，一旦森林遭受破坏，生态系统的物质、能量交换即会中断，生态平衡就会发生突变。

二、胁迫型脆弱性

胁迫型脆弱性是指导致系统脆弱的驱动力主要来自系统的外部，也就是说系统外部环境扰动对系统造成的不利影响，又可以细分为人类活动胁迫型和环境胁迫型两类。

①人类活动胁迫型脆弱性

人类活动胁迫型脆弱性是指造成自然（人文）系统脆弱的压力和干扰来自人类的各种社会、经济活动。也就是说，人类的各种不合理的社会经济活动是造成某一系统脆弱的主要驱动力。它的主要表现形式有过度垦殖、过度放牧、乱砍滥伐、过度灌溉、工农业污染等。

第一，因地制宜合理利用土地和建立农林的合理结构，是建立和维持良好生态环境的重要举措。然而，在人类开发利用资源的过程中，总是存在一些不合理的行为，导致生态系统脆弱，如过度垦殖是造成生态系统脆弱的主要原因之一。

第二，过度放牧的严重危害就是引起草场退化。牲畜对草场长期践踏必破坏草场的表土层，表土层破坏的草场特别是沙地草场，很容易引起风蚀。

第三，乱砍滥伐不仅使森林遭受破坏，而且加大了雨水对地表的冲刷能力，是造成区域水土流失和易泛洪涝的主要原因之一。其最后的恶果是造成土壤丧失生产的能力，导致部分区域对气候变化十分脆弱。

第四，过度灌溉是造成土壤盐渍化的主要原因之一。在中国，因过度灌溉引起的土壤盐碱化多出现在北方半干旱、干旱和半湿润平原灌区，在黄淮平原、汾、渭河谷平原、内蒙古河套平原、宁夏银川平原、东北松辽平原和山西平原、阳高盆地，以及西北内陆地区的一些低洼绿洲灌区分布比较集中。

第五，工业排放的有毒废水、废气、废渣，以及农药的广泛使用，均能造成原生环境的消亡而出现脆弱生态环境。如工农业污染所排放的有毒废水、废渣是造成地下水脆弱的主要根源。

②环境胁迫型脆弱性

气候变化、旱涝灾害等是环境胁迫脆弱性的主要因素。气候变化导致的气温和降水模式的改变是造成生态系统和人文系统脆弱的主要原因之一。一般而言，气候变干会抑制植物生长，甚至造成原有植物枯萎死亡。降水增多，可诱发洪水灾害，加大对地表的侵蚀，增强生态环境的脆弱性。长期的旱灾会使植物因缺水而枯萎，甚至死亡；涝灾会诱发寄生虫病、造成土壤盐碱化、减少作物产量的主要驱动力。这些都会使系统原有的稳定性减弱，减小系统对未来灾害的抵抗能力。

值得注意的是，自然界任何要素都不是孤立地存在的，每一要素都与其他要素相互联系相互作用。因此，导致系统脆弱的因子也是多方面的。从外部胁迫而言，人类的各项社会经济活动常与各种环境胁迫相伴发生。

（二）脆弱生态环境的类型

《全国生态脆弱区保护规划纲要》将中国划分为八大生态脆弱类型：东北林草交错生态脆弱区、北方农牧交错生态脆弱区、西北荒漠绿洲交接生态脆弱区、南方红壤丘陵山地生态脆弱区、西南喀斯特山地石漠化生态脆弱区、西南山地农牧交错生态脆弱区、青藏高原复合侵蚀生态脆弱区、沿海水陆交接带生态脆弱区。

主要分布在北方干旱半干旱区、南方丘陵区、西南山地区、青藏高原区及东部沿海水陆交接地区，行政区域涉及黑龙江、内蒙古、吉林、辽宁、河北、山西、陕西、宁夏、甘肃、青海、新疆、西藏、四川、云南、贵州、广西、重庆、湖北、湖南、江西、安徽等21个省（自治区、直辖市）。

第八节　水土保持林

水土保持林是在水土流失地区，以调节地表径流、防治土壤侵蚀、减少河流、水库泥沙淤积等为主要目的，并提供一定林副产品的天然林和人工林。水土保持林是防护林的一个林种，它又可分为水源涵养林、坡面防蚀林、沟道防护林、梯田地坎造林、池塘水库防护林等，这些林种在流域内形成水土保持林体系，是综合治理措施的重要组成部分。

一、各国现状

日本近百年来，一些石质山地也结合工程措施，营造人工林，以防止耕地（主要是水田）被水冲沙压和减免山洪、泥石流的为害。欧洲一些国家如联邦德国、意大利、奥地利等紧密结合荒溪（小流域）综合治理，采用工程措施和人工造林相结合的方法在防治山区水土流失方面取得良好的效果。在美国、澳大利亚、新西兰等国以经营农业，牧业为主的一些水土流失地区，农田、牧场的水土保持工作也以营造人工林作为主要的措施。

二、防护作用

主要是控制水土流失，即水力土壤侵蚀，也包括重力侵蚀及所形成的泥石流。在治理上，首先要防止加速侵蚀。配置水土保持林的地段和其邻近的各种生产用地，由于林分的存在及其形成的森林环境的影响，发挥着明显的水土保持作用。主要表现在：

（1）调节地表径流：配置在流域集水区，或其他用地上坡的水土保持林，借助于组成林分乔、灌木林冠层对降水的截留，改变落在林地上的降水量和降水强度，从而有利于减少雨滴对地表的直接打击能量，延缓降水渗透和径流形成的时间。林地上形成的松软的死地被物层，包括枯枝落叶层和苔藓地衣等低等植物层，及其下的发育良好的森林土壤，具有大的地表粗糙度、高的水容量和高的渗透系数，发挥着很好的调节径流作用。这样，一方面可以达到控制坡面径流泥沙的目的，另一方面有利于改善下坡其他生产用地的土壤水文条件。

（2）固持土壤：根据各种生产用地或设施特定的防护需要，如陡坎固持土体，防止滑坡、崩塌，以及防冲护岸、缓流挂淤等，通过专门配置形成一定结构的水土保持林，依靠林分群体乔、灌木树种浓密的地上部分及其强大的根系，以调节径流和机械固持土壤。至于林木生长过程中生物排水等功能，也有着良好的稳固土壤的作用。水土保持林和必要的坡面工程、护岸护滩、固沟护坝等工程相结合，往往可以取得良好的效果。

（3）改善局部小气候：通过水土保持林在各种生产用地上及其邻近地段的配置，发挥着改善局部小气候条件（如气流运动、气温、湿度、蒸发蒸腾等）的作用，从而使这些生产用地处于相对良好的生物气候环境之中。

三、水土保持林对水土流失的作用

多年来的森林采伐作业方式采用的是择伐作业，但择伐小班内的集材道仍采取的是皆伐，在雨季时，势必引来了水土流失的后果，致使集材道地面及土壤极薄的地块造成水土流失，经过多年的造林经验积累，水土保持林对水土流失和减弱有着较好的作用。

由于 J50 拖拉机的集材作业，使得拖拉机道面土壤层、植被层遭到严重破坏，加之雨季时，影响水土流失发生发展的因素是：

（一）地形因素是影响水土流失发生发展的基础

集材道坡面的坡度、坡长、坡形、坡向、分水岭与沟谷底部的高差及沟壑密度等都对水土流失有很大影响。

1. 坡度是决定水土流失轻重的最基本因之一

一般在坡度小于 3° 时不会出现明显水土流失。坡度愈陡，径流的冲力愈大，水土流失愈严重。坡度增加一倍，土壤总流失量将增加 1.8 倍，然而，集材道坡度一般都在 3°～23° 之间，甚至达到 25° 的坡度地段也常见。

2. 坡长

当坡度相同，降雨形成地表径流时，土壤流失量随坡长增加而增加，坡长增加一倍，土壤流失量将增加 1.5~2 倍。

3. 坡形

坡面的形状可分凸形、凹形、阶梯形和直线形 4 种斜坡。凸形斜坡的坡度和坡长都随距分水线距离的加大而增加，其集水区的面积也增加了，因此引起径流量和流速的迅速增加，水土流失愈接近斜坡下部愈重；凹形斜坡则相反，其上半部坡度较陡而斜坡下部坡度平缓，因而上半部水土流失重而下半部水土流失轻微，甚至有沉积现象发生；阶梯形斜坡由于台阶地形可使地表径流和水土流失放缓或终止，因而发生水土流失的可能性小，但在地形转折部位，由于径流加速，则可能产生水土流失；直线形斜坡是由分水线斜坡底部其坡度基本不变，因而水土流失将随坡长的增加而增加。

4. 坡向

阳坡由于太阳的直接照射，土温高而干旱，不利于杂草灌木的生长，因而水土流失重于阴坡。再者就是小地形因子对水土流失也有密切关系。如斜坡上封闭的小洼地，带状凸起等。有拦蓄地表径流的作用。分水岭与沟谷底部的高差愈大则水土流失重，反之则轻。

影响水土流失发生发展的因素之二是气候因素。在气候因素中，直接影响水土流失的是降雨，特别是降雨强度。在短时间内大量降雨会急剧地产生大量地表径流，或是雨季过长，从而加剧了水土流失的发展。具有大能量的雨水直接冲击地表，击碎土壤团粒结构，形成含有大量泥沙的混浊水流，进而对地表的植被、土壤造成直接破坏。

鉴于以上水土流失的因素，对集材道面产生的不利影响，只有营造水土保持林才是对其危害的有效抑制及减弱。因此就要适时适地营造水土保持林，并加强水土保持林的营造技术，以使水土保持林达到长远的、全面的、综合性的保护功效。

（二）水土保持林的林种划分和树种选择

1. 林种划分

要根据不同的地形、坡度、土壤及水分条件而进行林种划分，根据水土流失地区地貌和防护作用的特点与营造目的的不同，水土保持林又可分为许多具体林种。如分水岭防护林；水源涵养林；护坡林；梯形地坎林；固沟林；塬面塬边防护林；护基护邦林等。

2. 树种选择

营造水土保持林必须根据水蚀地区遭受水土流失和冲刷后形成的自然特点，选择适合当地气候、土壤条件的生长迅速、寿命长、根系发达、能促进排水、吸水和固结土壤的树种；选择枝叶茂密，能形成松软的死地被物，繁殖容易，种苗来源充足的树种；还要选择耐干旱瘠薄，或耐水湿，根蘖性和适应性强的树种。根据我场采伐林班的地形地貌和它所处地带的气候条件，如神仙洞周围的代区地带，15°~20° 地带就适宜栽植红松，红松是一个温带湿润气候条件下生长的树种，对气候条件要求较严是它地理分布的限制因子。

如在适当高气温下能使它延长生长期，引起再生长。红松在土壤肥沃、通气良好、土层深厚，ph5.5~6.5 的山坡地带生长最好。在 3°~15° 坡度地段种植杨树、柳树、樟子松较适宜。因这些树种耐旱，耐土壤瘠薄性较强，且生长速度快；胸围直径在 18cm 左右的杨树、柳树在生长旺盛期时，它们在 24h 内每棵吸水量为 1.8t 左右的水，可见尤其是遇雨季期，它们有着很好的固水、吸水作用的。在 0° 和凹形地段选择水曲柳、榆树树种较为适宜，它们侧根发达，主根可塑性较大，根茎萌蘖能力强，抗涝性强，固水固土性能突出，在此地段栽植这样的树种，成林后会对皆伐集道的地面起到很好的保护作用。因此说在选择树种前，对本场 29000 余 k㎡ 的面积，进行了科学研究、科学划分，尊重树种、气候、土壤等自然规律，实事求是对不同地域进行了不同的树种选择，30余年的跟踪考察、验证、取得了较明显收效。

（三）水土保持林的营造

1. 分水岭水土保持林的营造

此水土保持林的营造很适宜本场迹伐地的山帽地带，根据地形、土壤及集材道的走向，在窄而陡峭呈现屋脊形的分水岭上，基本上沿岭脊设置林带，选择抗风而又耐干旱瘠薄的树种，进行乔灌木的混交造林。如：樟子松、云杉、桦树、臭松等树种的栽植，也可少植些核桃楸，形成混交林带，还可营造密植的纯灌木林带。在宽而缓的分水岭上或顶部浑圆的"梁、峁"顶上，如土层较厚、条件较好，就更要把好混交林带的质量关，使其成林后发挥防止水土流失和防止风害的作用。

2. 水源涵养林的营造

此水土保持林不适宜夏季作业，只能进行冬季作业，因严寒的冬季使积水区、低洼处、陷车地带冻实而封冻，所以才适宜较重型机械设备在此地段作业。营造水源涵养林的目的是分散吸收地表径流，使之渗透，含蓄在林地土壤中，并缓慢的流入河川，从根本上控制水土流失、削减河流洪峰、根除水灾，变水害为水利。水源涵养林还适宜山地斜坡造林，既以涵养水源为主，又兼有用材作用。保证其成活成林的关键，要坚持水土保持的整地措施，即因地制宜地进行土平沟、土平阶或鱼鳞坑整地，为树种创造良好的生活条件；在造林方法上应尽量采用大穴深栽，客土造林或容器苗造林，以保证成活。采用密植的复层混交，以便迅速郁闭成林的方法是可选的。在条件极差的石质山地，还可以先营造灌木纯林并封山育草，待立地条件改善后，再栽植乔木树种。

3. 护坡林的营造

近五年春夏秋季时值雨季，致使本场迹伐地中的集材道毁损严重，给间接回采作业带来很大困难，增加了作业成本。如道面被冲损、石头裸露、沟壑纵横，改变道路整体结构，所以护坡林的营造就显得适宜和关键，护坡林是以水流调节林带的形式进行配置。其目的是拦截、阻滞、分散和吸收地表径流，减低流速，减少流量，涵蓄水分并使之转为地下水流。调节水流的林带宽度应为林带宽度的5倍左右。采用的树种一般采用伴生树种和灌木树种，因它们能形成深浅根搭配，形成紧密结构的复层混交林。

4. 沟岸造林

它在于分散从坡面上进入侵蚀沟沿的水流，这将对已冲成深沟的地段将是有效的保护，沟岸林带结构应以乔灌混交的复层紧密结构为宜，在林带的两侧边缘都应配置根蘖性强的灌木林缘，以吸收和分散水流与固结土壤，沟岸林可大致按等高线成直线或折线进行配置。

综上，因采伐频率大，树木生长周期长，雨水过大，雨季持续过长，采取的措施又很少在短期内奏效，才使得采伐过林班内集材道在前些年遭到不同程度损毁，引来重度的水土流失，然而营林工作者们，不辞辛苦、不厌其烦、持之以恒地在减弱水土流失灾害工作中，履行了为青山常在、永续利用的责任，在水土保持林上取得了成功。

5. 水源涵养林

水源涵养林是调节、改善、水源流量和水质的一种防护林，简称水源林。它泛指河川、水库、湖泊的上游集水区内大面积的原有林（包括原始森林和次生林）和人工林，是涵养水源、改善水文状况、调节区域水分循环、防止河流、湖泊、水库淤塞，以及保护可饮水水源为主要目的的森林、林木和灌木林。

四、功能作用

（一）水土保持功能

水源林可调节坡面径流，削减河川汛期径流量。

一般在降雨强度超过土壤渗透速度时，即使土壤未达饱和状态，也会因降雨来不及渗透而产生超渗坡面径流；而当土壤达到饱和状态后，其渗透速度降低，即使降雨强度不大，也会形成坡面径流，称过饱和坡面径流。但森林土壤则因具有良好的结构和植物腐根造成的孔洞，渗透快、蓄水量大，一般不会产生上述两种径流；即使在特大暴雨情况下形成坡面径流，其流速也比无林地大大降低。在积雪地区，因森林土壤冻结深度较小，林内融雪期较长，在林内因融雪形成的坡面径流也减小。森林对坡面径流的良好调节作用，可使河川汛期径流量和洪峰起伏量减小，从而减免洪水灾害。结构良好的森林植被可以减少水土流失量90%以上。

（二）滞洪和蓄洪功能

水源林可减少径流泥沙含量，防止水库、湖泊淤积。

河川径流中泥沙含量的多少与水土流失相关。水源林一方面对坡面径流具有分散、阻滞和过滤等作用；另一方面其庞大的根系层对土壤有网结、固持作用。在合理布局情况下，还能吸收由林外进入林内的坡面径流并把泥沙沉积在林区。

降水时，由于林冠层、枯枝落叶层和森林土壤的生物物理作用，对雨水截留、吸持渗入、蒸发，减小了地表径流量和径流速度，增加了土壤拦蓄量，将地表径流转化为地下径流，从而起到了滞洪和减少洪峰流量的作用。

（三）枯水期的水源调节功能

水源林可调节地下径流，增加河川枯水期径流量。

中国受亚洲太平洋季风影响，雨季和旱季降水量悬殊，因而河川径流有明显的丰水期和枯水期。但在森林覆被率较高的流域，丰水期径流量占30%~50%，枯水期径流量也可占到20%左右。森林能涵养水源主要表现在对水的截留、吸收和下渗，在时空上对降水进行再分配，减少无效水，增加有效水。水源涵养林的土壤吸收林内降水并加以贮存，对河川水量补给起积极的调节作用。森林覆盖率的增加，减少了地表径流，增加了地下径流，使得河川在枯水期也不断有补给水源，增加了干旱季节河流的流量，使河水流量保持相对稳定。森林凋落物的腐烂分解，改善了林地土壤的透水通气状况。因而，森林土壤具有较强的水分渗透力。有林地的地下径流一般比裸露地的大。

（四）改善和净化水质的功能

造成水体污染的因素主要是非点源污染，即在降水径流的淋洗和冲刷下，泥沙与其所携带的有害物质随径流迁移到水库、湖泊或江河，导致水质浑浊恶化。水源涵养林能有效地防止水资源的物理、化学和生物的污染，减少进入水体的泥沙。降水通过林冠沿树干流下时，林冠下的枯枝落叶层对水中的污染物进行过滤、净化，所以最后由河溪流出的水的化学成分发生了变化。

（五）调节气候的功能

森林通过光合作用可吸收二氧化碳，释放氧气，同时吸收有害气体及滞尘，起到清洁空气的作用。森林植物释放的氧气量比其他植物高 9~14 倍，占全球总量的 54%，同时通过光合作用贮存了大量的碳源，故森林在地球大气平衡中的地位相当重要。林木通过抗御大风可以减风消灾。另外森林对降水也有一定的影响。多数研究者认为森林有增水的效果。森林增水是由于造林后改变了下垫面状况，从而使近地面的小气候变化而引起的。

（六）保护野生动物的功能

由于水源涵养林给生物种群创造了生活和繁衍的条件，使种类繁多的野生动物得以生存，所以水源涵养林本身也是动物的良好栖息地。

五、作用机理

水源涵养林通过转化、促进、消除等内部的调节机能和多种生态功能维系着生态系统的平衡，是生物圈中最活跃的生物地理群落之一。不同的森林类型具有不同的结构、功能特点，当森林植被发生动态变化，森林植被的整体功能输出也发生相应的变化。水分受森林的影响而表现出来的水分分配和运动过程，包括降雨、降雨截持、干流、蒸散、地表径流等，构成了森林的水文过程。它是森林的 4 个作用层，即森林乔木层、灌草层、枯枝落叶层和土壤层对降水进行再分配的复杂过程。

（一）林冠截留

降雨到达森林时，首先被林冠所截持。截留的水占降水量的 5%~10%，这部分水从叶面蒸发到大气，不能为森林贮存。林冠截留量受到风速、降雨特点、树种、林龄、郁闭度、林冠蒸发能力等多种因素的影响。林冠截持和截持雨量的蒸发在森林生态系统水文循环和水量平衡中占有重要地位。受林冠的截留作用，降水在到达地面前进行了第一次分配，截留的部分通过蒸发返回大气，小部分的林内降雨直接到达地面，另一部分的降水顺着树干流到地面。林冠的截留作用使得降水对地面的机械冲击力减弱，从而间接地保护了林地土壤层。林冠层降水截留作用的大小是由林冠层枝叶的生物量、叶面积指数和持水率所决定。中国主要森林生态系统的林冠截留量平均为134.0~626.7mm，变动系数为14.47%~40.53%，截留率平均为11.40%~34.3%，变动系数为 6.86%~55.05%。

（二）森林下层灌木与草本截流降水

林下灌草层不仅能截留一定量的雨水，而且对于分散、减弱林内的降雨动能，减缓降水对林地面的直接冲击有重要的作用，是森林截流降水的重要组成部分。从研究资料来看，林下冠草层的截留量与盖度成正比，同时还受林分郁闭度的制约并与之成负相关，其截留量约为林冠截留量的1/10。林冠郁闭度高的类型，灌木草本层稀少、覆盖度低，灌木草本层的截留量小。林冠下层植被种类不同、密度不同其降雨截留量也不同。由于林分结构和经营目的不同，林下植被的种类和数量存在一定的差异，导致不同林分下植被的持水性能也存在一定差异。植被的不同截留降水的功能和流量也有所不同，这就是南北气候差异的形成所在！

（三）森林凋落物层截持水

森林的凋落物是由林地植物地上部分器官或组织枯死脱落后堆积而成，包括叶、枝、树皮、花、果实、种子等。枯枝落叶层上部是很少腐烂的落叶枯枝，疏松而有弹性；下部是半分解的残体，有菌丝缠绕，较疏松，透水性强。林地内凋落物是森林涵养水源的重要组成部分，它覆盖林地表面，除本身具有很大吸水或截留降雨能力外，还提高地表粗糙度、增加渗透能力，避免地表土壤遭到降雨直接溅蚀打击和降低径流速度、削弱地表径流对土壤的冲刷作用，并通过腐殖质的形成，改善土壤结构及其持水性能。林地凋落物的水分截流功能很强，枯落物的截持能力和水分蓄持能力取决于枯落物的现存量及其最大持水能力。其劫持的水量占降水量的8%~10%。中国的研究认为，枯枝落叶吸持的水量可达自身干重的2~4倍，各种森林的枯枝落叶层的最大持水率平均为309.54%。

（四）林地土壤对水分的调节

森林土壤具有较大的孔隙度，特别是非毛管孔隙度大，从而加大了林地土壤的入渗率、入渗量。土壤毛管孔隙和非毛管孔隙的作用，使降雨量的70%~80%被贮存。落到林地上的部分雨水涵养于土壤孔隙内，主要蓄于非毛管孔隙内，因此非毛管孔隙的多少与土壤涵养水分的能力大小密切相关。降落到林地上的雨水，大部分都直接从土壤孔隙渗入了土层中，即使是激烈骤雨，也不至于急速流出而是缓慢流出，从而在缓解了洪水的同时也涵养了水源。这是森林非常重要的功能。森林通过林冠层、林下植被层、凋落物层和林地土壤层对雨水的含蓄后，除了部分供应林木生长发育所需及蒸发外，通过林地土壤渗透，大部分所含蓄的水以渗透地下水的潜流形式慢慢地汇入江河，从而起到涵养水源，平稳河川流量，减低洪水灾害的作用。土壤的渗透性能可以反映出这一作用的强弱。

五、营造技术

（一）树种选择和混交

在适地适树原则指导下，水源涵养林的造林树种应具备根量多、根域广、林冠层郁闭度高（复层林比单层林好）、林内枯枝落叶丰富等特点。因此，最好营造针阔混交林，其中除主要树种外，要考虑合适的伴生树种和灌木，以形成混交复层林结构。同时选择一定比例深根性树种，加强土壤固持能力。在立地条件差的地方、可考虑以对土壤具有改良作用的豆科树种作先锋树种；在条件好的地方，则要用速生树种作为主要造林树种。

（二）林地配置和造林整地

在不同气候条件下取不同的配置方法。在降水量多、洪水为害大的河流上游，宜在整个水源地区全面营造水源林。在因融雪造成洪水灾害的水源地区，水源林只宜在分水岭和山坡上部配置，使山坡下半部处于裸露状态，这样春天下半部的雪首先融化流走，上半部林内积雪再融化就不致造成洪灾。为了增加整个流域的水资源总量，一般不在干旱半干旱地区的坡脚和沟谷中造林，因为这些部位的森林能把汇集到沟谷中的水分重新蒸腾到大气中去，减少径流量。总之，水源涵养林要因时、因地、因害设置。水源林的造林整地方法与其他林种无重大区别。在中国南方低山丘陵区降雨量大，要在造林整地时采用竹节沟整地造林；西北黄土区降雨量少，一般用反坡梯田整地造林；华北石山区采用水平条整地造林。在有条件的水源地区，也可采用封山育林或飞机播种造林等方式。

（三）经营管理

水源林在幼林阶段要特别注意封禁，保护好林内死地被物层，以促进养分循环和改善表层土壤结构，利于微生物、土壤动物（如蚯蚓）的繁殖，尽快发挥森林的水源涵养作用。当水源林达到成熟年龄后，要严禁大面积采伐，一般应进行弱度择伐。重要水源区要禁止任何方式的采伐。

第九节　农田防护林

农田防护林是防护林体系的主要林种之一，是指将一定宽度、结构、走向、间距的林带栽植在农田田块四周，通过林带对气流、温度、水分、土壤等环境因子的影响，来改善农田小气候,减轻和防御各种农业自然灾害,创造有利于农作物生长发育的环境，以保证农业生产稳产、高产，并能对人民生活提供多种效益的一种人工林。

农田防护林带由主林带和副林带按照一定的距离纵横交错构成格状，即防护林网。主林带用于防止主要害风，林带和风向垂直时防护效果最好。但根据具体条件，允许林带与垂直风向有一定偏离，偏离角不得超过 30°，否则防护效果将明显下降。副林带与主林带相垂直，用于防止次要害风，增强主林带的防护效果。农田防护林带还可与路旁、渠旁绿化相结合，构成林网体系。

（一）发展概况

在平原地区营造防护林始于 19 世纪初，苏格兰最早在滨海地区营造海岸防护林以后，苏联和美国等国家有计划、大规模地营造农田防护林。中国营造农田防护林有 100 多年的历史，大致分 3 个阶段：以防止风沙为目的的兼顾烧柴用材的农民自发营造阶段；以全面改善农田小气候为主要目的的国家或集体有计划、大规模营造阶段；以改造旧有农业生态系统为目的，实行综合治理，建立农田防护林综合体系阶段，这时出现一个地区或几个地区连片的方田网格。

（二）结构

因林带宽度，行数，乔、灌木树种搭配和造林密度而有差异，并表现为透光度与透风系数的变化。透光度，又称疏透度，是林带纵断面的透光面积与其纵断面的总面积的比值。确定的方法是站在距林带 30~40 米处，目测林带纵断面的透光面积占总面积的比值。透风系数是林带背风面离林缘 1 米处林带高度范围内的平均风速与空旷地相应高度处的平均风速的比值。确定的方法是实测林带背风面距林带 1 米的林冠顶部、林冠中部和距地表 1 米高处的风速，并算出平均值；然后实测空旷地区相应 3 个高度的风速，并算出平均值。

1. 紧密结构

带幅较宽，栽植密度较大，一般由乔、灌木组成。生叶期间从林冠到地面，上下层都密不透光。透光度为零或几等于零，透风系数在 0.3 以下。在林带背风面近距离处的防护效果大。在相当于树高 5 倍（5H）的范围内，风速为原来的 25%，10H 范围内为 37%，到 20H 范围，则达 54%。由于紧密结构的林带内和背风林缘附近，有一静风区，容易导致林带内及四周林缘积沙，一般不适用于风沙区。

2. 疏透结构

带幅较前者窄，行数也较少。一般由乔木组成两侧或仅一侧的边行，配置一行灌木，或不配置灌木，但乔木枝下高较低。最适宜的透光度为 0.3~0.4，透风系数为 0.3~0.5。其防护效果，在 5H 范围内风速为旷野的 26%，10H 范围内为 31%、20H 范围内为 46%。其防护效果大于紧密结构，防护距离小于通风结构，适用于风沙区。

3. 通风结构

林带幅度、行数、栽植密度，都少于前两者。一般为乔木组成而不配置灌木。林冠层有均匀透光孔隙，下层只有树干，因此形成许多通风孔道，林带内风速大于无林旷野，到背风林缘附近开始扩散，风速稍低，但仍近于旷野风速，易造成林带内及林缘附近处的风蚀。生叶期的透光度为 0.4~0.6，透风系数大于 0.5。其防护效果在 5H 范围内为原来风速的 29%，10H 范围内为 39%，20H 范围内为 44%，30H 范围内始达 56%。防护距离最远。适用于风速不大的灌溉区，或风害不严重的壤土农田或无台风侵袭的水网区。

（三）防护距离

在迎风面防护距离一般为 5~10 倍树高，背风面为 30~50 倍树高。林带在背风面使有害风速降为无害风速的距离，称为林带的有效防护距离，林带的配置应以有效防护距离为依据。

（四）防护效益

1. 改善小气候。主要是通过对气流结构和风速的影响，使风速在有效防护距离内与空旷农地相比，平均降低 20%~30%。风速降低后，其他气象要素的改善使土壤水分蒸发减少 20%~30%，土壤含水量增加 1%~4%，空气相对湿度提高 5%~10%，缩小昼夜和季节气温变幅，形成有利于农作物生长发育的小气候。

2. 增加农作物产量。一般谷类作物增产 20%~30%，瓜类和蔬菜增产 50%~70%。在风沙、干旱灾害严重的地区和年份，林带的增产效果更为显著。

3. 降低地下水水位。农田防护林可以降低地下水水位，改良土壤，提供一定的林副产品，还可以净化空气和美化环境。

（五）营造农田防护林的规划设计

1. 林带结构

它是指林带树冠上下组成的层次。宽度、横断面形状、枝叶状况密度和透光状况等综合情况。平原地区应选通风结构林带。因为通风结构林带防护距离最大，通常由两行以上乔木组成，没有下木，有效防护距离在 28h（28h 表示林带高度的 28 倍）的范围内。

2. 林带走向

它是由主林带和副林带组成。主林带防止主要害风,主林带要与主要害风方向垂直。防止主要害风以外风力的林带是副林带,副林带一定要垂直于主林带。主副林带形成的网格,呈长方形或方形。林带走向以主林带垂直于主风向来确定。在大面积的农田上,只有营造许多纵横交织的林带,形成很多林网,才能起到全面的防护作用。

3. 林带间距

它是指主林带与主林带或副林带与副林带之间的距离。平原地区主林带之间的距离为200~300m,副林带之间的距离为500~600m,网格面积要大于10h㎡,而小于20h㎡。

4. 林带宽度

它是指林带两侧边行树木之间的距离,再加上两侧各 1~1.5m 的林缘宽度。一般选择两侧各 2 行以上的行道树。两行的林带宽度应不小于4m。这种窄林带的优点是占地少,消耗水分少,生长稳定并且防护效果好。"窄林带、小网格"在平原地区已起到良好的保田增产作用。

5. 林带与地形地物的结合

农田防护林林带的设计应尽量与护路林、护岸林、护屯林以及成片造林相结合,一方面可以节省耕地,另一方面又能构成综合的防护林体系,扩大防护作用。林带与道路结合时,可配置在道路两侧。与渠道结合时,可配置在渠道的南侧;与护岸林结合时,可配置在河流两岸。尽量做到林网、路网、水网三网合一。

(六)营造技术

1. 林带设置

农田防护林宜与农田基本建设同时规划,以求一致。平原农区的田块多为长方形或正方形,道路则和排灌渠与农田相结合而设置。据此,林带宜栽植在呈网状分布的渠边、路边和田边的空隙地上,构成纵横连亘的农田林网。每块农田都由四条林带所围绕,以降低或防御来自任何方向的害风。

2. 网格大小

因带距大小而有不同,而带距又受树种、高生长和害风的制约。一般土壤疏松且风蚀严重的农田,或受台风袭击的耕地,主带距可为150米,副带距约300米,网格约4.5公顷。有一般风害的壤土或砂壤土农区,主带距可为200~250米,副带距可为400米左右,网格8~10公顷。风害不大的水网区或灌溉区,主带距可为250米,副带距400~500米,网格10~15公顷。因高生长和害风情况而有不同。

3. 树种选择

宜选择高生长迅速、抗性强、防护作用及经济价值和收益都较大的乡土树种,或符合上述条件并经过引种试验、证实适生于当地的外来树种。可采取树种混交,如针、阔叶树种混交,常绿与落叶树种混交,乔木与灌木树种混交,经济树与用材树混交等。

采用带状、块状或行状混交方式。造林密度。一般根据各树种的生长情况，及其所需的正常营养面积而定。如单行林带的乔木，初植株距2米。双行林带株行距3×1米或4×1米。3行或3行以上林带株行距2×2米或3×2米。视当地的气候、土壤等环境条件和树种生物学特性而异。

4. 抚育管理

在新植林带内需除草、灌水和适当施肥。幼林带郁闭后进行必要的抚育。但修枝不可过度，应使枝下高占全树高的1/4左右，成年林带树木的枝下高不宜超过4~5米。间伐要注意去劣存优、去弱留强、去小留大的原则，勿使林木突然过稀。幼林带发现缺株或濒于死亡的受害木时应及时补植。

第五章 水土保持林业生态工程技术

上一章主要讲述了有关水土保持林业生态工程相关理论方面的内容，那么本章就其技术以及实际应用来展开讲解。

第一节 概述

一、防护林体系合理布局与规划

我国地域辽阔，有着复杂、多样的自然条件与社会条件，不同类型的防护林体系有着不同的生态任务，在进行区域生态环境建设与保护过程中，需要遵循因地制宜、因害设防、合理布局以及科学规划的原则，在促进国民经济发展、保证国土安全的基础上，结合农业发展新阶段对现代保护性林业发展的实际需求，对防护林体系建设工程的整体布局做出科学的调整。基于"3S"技术的支持，加强防护林体系高效、可持续发展的合理布局的研究与开放，提高其布局的合理性与科学性。

二、防护林造林技术

该技术包括立地条件类型划分技术、以树适地技术、以地适树技术、混交林营建及造林典型设计等多种。其中立地条件类型划分须根据不同林业生态工程建设区的气候、土壤、地貌类型、植被特点等来进行；而以树适地技术则包括造林树种的选择、引进驯化、树种改良等技术；以地适树技术主要为整地改土等。正是上述技术措施形成了我国防护林体系工程建设的关键技术体系。而我国围绕该技术体系进行重点与科技攻关研究，也取得了许多重大成果，但是我国各地林业生态工程建设区无论是自然条件还是社会经济条件，均体现出较大的差异，树种引进驯化、树种选择、整地改土等技术需要进一步系统的试验研究。

三、高效符合农林业可持续经营技术

该技术体系主要包括了集流时空调水技术、节水补灌技术、高效复合农林可持续经营时空配置技术、生物种群结构设计与调控技术、低产低质低效复合农林更新改造技术、复合农林产业化集约经营技术等。比如黄土区坡面面积较大的林区适用于不同规格雨养型农林复合经营水肥调控技术，根据当地年内的降水分布、土壤水分动态过程、树木需求过程等，计算出不同时期的实际需水量，进行适度的补水灌溉，确定林木水肥调控技术，包括节水补灌、配方施肥、水肥耦合等，通过该技术体系的综合应用以达到时空调水、防治水土流失的目的，以提高坡面水的合理利用，保护水资源，提高农林复合经营的效益与效率。

四、困难立地特殊造林与植被恢复技术

我国地域辽阔，各个林业工程区都难免有一些特殊、困难立地类型，比如碳酸钙地类、石质劣地、盐碱地、退化草牧场、干旱河谷、喀斯特土地、水湿地、工矿管线路等废弃土等，均是林业生态工程建设中的难点问题，限于篇幅，本文仅列出以下几种困难立地特殊造林与植被恢复技术：抗旱节水林业技术，包括径流林业、蓄水保墒、应用保水剂、造林苗木规格、选择耐旱植物等技术，这类技术的主要原则就是提高水资源的利用效率，提高干旱、半干旱地区植被稳定的水资源利用效率，促进植被的恢复；干瘠石质山地造林技术，这类技术包括岩石裸露技术、土壤缺乏的石质山地造林技术、封山育林育草技术等，通过人工促进植被的恢复，此外还包括基本生态环境人工改造技术，包括整地技术、蓄水保墒技术、集水技术、防渗技术等；盐碱地造林技术，主要针对不同类型的盐碱地通过降盐改土、化学生物抑盐、工程排盐等综合技术，进行盐碱地的环境改造。

五、低效防护林改造复壮技术

这类技术主要通过科学、合理的判定指标体系进行低效防护林类型的划分，分析低效防护林的成因，并根据具体原因制定低效防护林改造复壮方案，比如合理调整林分的密度与结构，进行科学的树种更替，选择不同的配置方式，并通过补植、施肥、林地土壤改良、病虫害防治等抚育间伐技术等，通过人工封育、人工促进天然等更新定向植被复壮水土保持技术提高林业效益，并通过防护林更新改造配套技术提高树种搭配的合理性，适度调整林分结构与密度，保证区域生态环境保护与建设的社会效益与经济效益。

第二节　类型

一、山丘区林业生态工程建设技术

（一）山丘区水土保持体系

东北防护林体系同单一的防护林林种不同，是根据区域自然历史条件和防灾、生态建设的需要，将多功能多效益的各个林种结合在一起，形成一个区域性、多树种、高效益的有机结合的防护整体。这种防护体系往往构成区域生态建设的主体和骨架，发挥着主导的生态功能与作用。

水土保持林体系作为山区的防护林体系，其组成主要有分水岭防护林、护坡林、侵蚀沟道防护林、护岸护滩林、梯田地埂造林、山地护牧林和池水库防护林等。在这些水土保持林林种及其形成的体系中实际上还包括流域内所有木本植物群体，如现有天然林、人工乔灌木林、四季植树和经济林等。这些林业生产用地反映了各自的经济目的，它们均发挥着水土保持、水源涵养和改善区域生态环境条件的功能和效益。这是因为它们和上述水土保护林体系各林种一样，在流域范围内既覆盖着一定面积，又占据着一定空间，同样发挥着改善生态环境和保持水土的作用，如果园及木本粮油基地等以获取经济效益为主的林种，在水土流失的山区、丘陵区林地上如不切实搞好保水、保土，创造良好的生产条件，欲得到预期的经济效益是不可能的。因此，在流域范围内的水土保持林体系应由所有以木本植物为主的植物群体所组成。

（二）水土保持林体系的配置模式

在小流域范围内，水土保持林体系的合理配置要体现各个林种具有生物学的稳定性，显示其最佳的生态经济效益，从而达到流域治理持续、稳定、高效等人工生态系统建设的目标。

水土保持林体系配量的组成和内涵，其主要基础是做好各个林种在流域内的水平配置和立体配置。所谓水平配置是指水土保持林体系内各个林种在流域范围内的平面布局和合理规划。对具体的中、小流域应以其山系、水系、主要道路网的分布，以及土地利用规划为基础，根据当地发展林业产业和人民生活的需要，根据当地水土流失的特点，水源涵养、水土保持等防灾和改善各种生产用地水土条件的需要，进行各个水土保持林种合理布局和配置。在规划中要贯彻"因害设防，因地制宜""生物措施和工程措施相结合"的原则。在林种配置的形式上，在与农田、牧场及其他水土保持设计的结合上，兼顾流域水系上、中、下游，流域山系的坡、沟、川，左、右岸之间的相互关系，同时应考虑林种占地面积在流域范围内的均匀分布并要达到一定林地覆盖率的问题。

所谓林种的立体配置是指某一林种组成的树种或植物种的选择和林分立体结构的配合形式。根据林种的经营目的，要确定林种内树种、其他植物种及其混交搭配，形成林分合理结构，以加强林分生物学稳定性和形成开发利用其短、中、长期经济效益的条件。根据防止水土流失和改善生产条件以及经济开发需要和土地质量、植物特性等，林种内植物种立体结构可考虑引入乔木、灌木、草类、药用植物及其他经济植物等，还要注意当地适生的植物种的多样性及其经济开发的价值。立体配置除了上述林种内的植物选择、立体配置之外，还应注意在水土保持与农牧用地、河流道路、庭园、水利设施等结合中的植物种的立体配置问题。在水土保持林体系中通过林种的水平配置与立体配置使林农、林牧、林草、林药合理结合，形成多功能、多效益的农林复合生态系统。

总之，对一个完整的中小流域水土保持林体系的配置，要考虑通过体系内各个林种的合理的水平配置和布局达到与土地利用等的合理结合，分布均匀，有一定的林木覆盖率，各林种间生态效益互补，形成完整的防护林体系，充分发挥其改善生态环境和水土保持功能；同时，通过体系内各个林种的立体配置，形成良好的林分结构，具有生物学上的稳定性，达到加强水土保持林体系生态效益和充分发挥其生物群体的生产力的目的，以创造持续、稳定、高效的林业生态经济功能。

（三）水土保持林营造技术

水土保持林的造林方法应当突出抗旱技术措施。一般应以植苗造林为主。但是，对一些先锋灌木树种可以采用直播造林方法，在阴坡土壤水分条件较好的地带，一些针阔叶乔木树种也可以直播造林。植苗造林在同一块地不要一、二级苗混栽，以求林木生长整齐。一般植苗采用明穴植树法。开穴深、宽要大于根幅、根长，栽正扶直，深浅适宜，根系舒展，先填表土、湿土，分层踏实，最后覆一层虚土。对有的小苗可采用窄缝栽植法。在土质较松地带，对根系细窄的小苗木，如马尾松小苗，也可采用窄缝栽植法，但不要窝根，栽后压紧土缝或踏实，再培些虚土。北方干旱、半干旱地区，萌芽力强的阔叶树种采用截干栽根的方法，则有利于保持苗木本身的水分平衡，成活率较高。用地膜、草秸覆盖于植树穴上，可以抑制土壤水分蒸发，达到蓄水保墒、促进幼树成活的目的。地膜覆盖还有增加土温、促进生根的作用，应予推广。水土保持造林还应当采取一系列其他抗旱造林配套技术。例如，选用壮苗造林，必须从起苗到定植整个过程搞好苗木保温，力争使苗木水分不过多减少，还要选择温度、水分最稳定的季节定植等等。水土保持林应以混交林为主，而良好的混交林分生长量也较纯林高。

二、风沙区林业生态工程建设技术

（一）风沙区的治理经验

我国的治沙造林工作已开展多年，取得了一些成果，如今已进入国际先进行列。各风沙区在造林前应进行科学的造林设计和有切实可行治沙造林配套技术实施方案，选用了适宜当地的优良乔、灌、草种，建立了小网格窄林带林网、防风固沙林带、封沙育草沉沙带的网、带、片三者相结合的绿洲稳定生态系统。我国通过对风沙区造林的长期摸索，确立了"宜乔则乔、宜灌则灌、宜草则草"这样乔、灌、草相结合的造林原则，以及"先易后难，由近及远"的固沙造林步骤。在固沙造林难度大的干旱半干旱地区，对流沙采用综合治理措施，即"工程治理与植物固沙"相结合，建立人工植被与保护天然植被并重、造、育、护兼顾，以育、护为当务之急等成功的实施原则。

（二）风沙区防风固沙林营造技术

1. 固沙造林树种的选择。树种选择不仅要从宏观考虑树种对气候条件的适应性，而且要综合分析影响造林成活的环境因子，循环"适地适树"的原则，首先选用乡土树种，同时重视经济价值较高、抗逆性强，经引种后确认是成功的树种。除风沙区的气候条件外，还应注意考虑树种的抗旱性、树种的抗风蚀沙埋能力、树种的耐瘠薄能力。

2. 造林密度的确定。沙地造林密度，以维持沙地水分平衡为准，因地制宜。在广大的干旱荒漠地区的流沙地，在无灌溉条件、地下水又不能为树木根系利用的条件下，有条件营造旱生、超旱生灌木的地带，以稀植为宜。但株距可稍小，而行距则宜宽，并针对主风成行种植。

第三节　形成

一、水土流失的类型

根据产生水土流失的"动力"，分布最广泛的水土流失可分为水力侵蚀、重力侵蚀和风力侵蚀三种类型。

（一）水力侵蚀

在降水、地表径流、地下径流作用下，土壤、土体或其他地面组成物质被破坏、搬运和沉积的过程，称为水力侵蚀。水力侵蚀是以水为载体的。土壤随水流失，不仅破坏土地资源，淤积水库，抬高河床，也减少了水资源的可利用量。根据水力作用于地表物质形成不同的侵蚀形态，进一步分为溅蚀、面蚀、细沟侵蚀、浅沟侵蚀和切沟侵蚀等。水力侵蚀分布最广泛，在山区、丘陵区和一切有坡度的地面，暴雨时会产生水力侵蚀。它的特点是以地面的水为动力冲走土壤。

（二）重力侵蚀

地面岩体或土体物质在重力作用下失去平衡而产生位移的侵蚀过程，称为重力侵蚀。根据其形态可分为崩塌、崩岗、滑坡、泻溜等。重力侵蚀主要分布在山区、丘陵区的沟壑和陡坡上，在陡坡和沟的两岸沟壁，其中一部分下部被水流淘空，由于土壤及其成土母质自身的重力作用，不能继续保留在原来的位置，分散地或成片地塌落。重力侵蚀是水土流失另一表现类型，在西南地区较为严重。仅云南省有规模较大的崩塌 2714 处，滑坡 1 211 处，泥石流沟 2 382 条。

（三）风力侵蚀

在气流冲击作用下，土粒、沙粒或岩石碎屑脱离地表，被搬运和堆积的过程，称为风力侵蚀。由于风速和地表物质组成的大小及质量不同，风力对土、沙、石粒的吹移搬运出现扬失、跃移和滚动三种运动形式。风力侵蚀主要分布在我国西北、华北和东北的沙漠、沙地和丘陵盖沙地区，其次是东南沿海沙地，再次是河南、安徽、江苏几省的"黄泛区"（历史上由于黄河决口改道带出泥沙形成）。它的特点是由于风力扬起沙粒，离开原来的位置，随风飘浮到另外的地方降落。在宁夏银川平原及内蒙古河套平原地势较高的山前洪积扇上，牧荒地及部分旱耕地及盐碱荒滩有明显的风蚀发生。在阴山南部的大青山、乌拉山及相邻的山前盆地及边缘低丘、鄂尔多斯地区，降水由西向东减少，干燥度为 1.6~2.8，平均风速 2.0~4.3m/s，大风沙尘频繁，土壤疏松干旱，加上人为活动影响，风蚀显著。

二、水土流失的原因

水土流失不仅破坏当地的生态环境和农业生产条件，造成群众生活贫困，而且为下游江河带来严重的洪水泥沙危害。被洪水淹没的地方，不论城镇和农村，人民的生命财产都遭受了严重损失。泥沙淤积在湖泊、水库、河床，对整个国民经济建设造成的危害更是十分深远，在全国各省（区）不同程度地都存在这样的问题。我国是个多山国家，山地面积占国土面积的 2/3，同时我国又是世界上黄土分布最广的国家。山地丘陵和黄土地区地形起伏。黄土或松散的风化壳在缺乏植被保护情况下极易发生侵蚀。我国大部分地区属于季风气候，降水量集中，雨季降水量常达年降水量的 60%~80%，且多暴雨。易于发生水土流失的地质地貌条件和气候条件是造成我国发生水土流失的主要原因，可分为自然因素及人类活动因素。

影响水土流失的自然因素主要有气候，如降水量、降水年内分布、降雨强度、风速、气温日照、相对湿度等；地形，如坡度、坡长、坡面形状、海拔、相对高差、沟壑密度等；地质，主要指岩性和新构造运动，岩石的风化性、坚硬性、透水性对于沟蚀的发生和发展以及崩塌、滑坡、山洪、泥石流等侵蚀作用有密切的关系；土壤，土壤是侵蚀作用的主要对象，土壤的透水性、抗蚀性、抗冲性对水土流失的影响很大；植被因素，植被防止水土流失的主要功能有截留降水、涵养水源、固持土体、改良小气候条件，并且在一定程度上可以防止浅层滑坡等风力侵蚀作用，植被被破坏后，水土流失就会加剧。

人类活动是引起水土流失发生、发展或者使水土流失得以控制的主导因素，加剧水土流失的人类活动主要有滥伐森林、不合理利用土地、陡坡开荒、顺坡耕地、过度放牧、铲挖草皮、乱弃矿渣、废土等。使地表植被遭到破坏，地表失去绿色植被的保护，沙化严重，突降暴雨，易造成水土流失。黄土高原"千沟万壑、支离破碎"地表景观的形成，就是人类不合理利用土地造成的。我国人口多，粮食、民用燃料需求等压力大，在生产力水平不高的情况下，对土地实行掠夺性开垦，片面强调粮食产量，忽视因地制宜的农林牧综合发展，把只适合林、牧业利用的土地也辟为农田。大量开垦陡坡，以至陡坡越开越贫，越贫越垦，生态系统恶性循环；乱砍滥伐森林，甚至乱挖树根、草坪，树木锐减，使地表裸露，这些都加重了水土流失。另外，某些基本建设不符合水土保持要求，例如，不合理修筑公路、建厂、挖煤、采石等，破坏了植被，使边坡稳定性降低，引起滑坡、塌方、泥石流等更严重的地质灾害。

第四节　危害

水土流失是不利的自然条件与人类不合理的经济活动互相交织作用下产生的。不利的自然条件主要是：地面坡度陡峭，土体的性质松软易蚀，高强度暴雨，地面没有林草等植被覆盖；人类不合理的经济活动诸如：毁林毁草，陡坡开荒，草原上过度放牧，开矿、修路等生产建设破坏地表植被后不及时恢复，随意倾倒废土弃石等。水土流失破坏地面完整，降低土壤肥力，造成土地硬石化、沙化，影响农业生产，威胁城镇安全，加剧干旱等自然灾害的发生、发展，导致群众生活贫困、生产条件恶化，阻碍经济、社会的可持续发展。

一、破坏土壤肥力

土壤肥力下降，水土流失可使大量肥沃的表层土壤丧失。据统计，我国每年流失土壤约 50 亿 t，损失 N、P、K 元素 4000 多万 t。土壤是人类生存所必需的绿色植物生长的基础。肥沃的土壤，能够不断供应和调节植物正常生长所需要的水分、养分（如腐殖质、氮、磷、钾等）、空气和热量。裸露坡地一经暴雨冲刷，就会使含腐殖质多的表层土壤流失，造成土壤肥力下降。据实验分析，当表层腐殖质含量为 2%~3% 时，如果流失土层 1cm，那么每年每平方公里的地上就要流失腐殖质 200t，同时带走 6~15t 氮、10~15t 磷、200~300t 钾。

二、泥沙淤积，加剧洪涝灾害

由于上游流域水土流失，汇入河道的泥沙量增大，当挟带泥沙的河水流经中、下游河床、水库、河道，且流速降低时，泥沙就逐渐沉降淤积，使得水库淤浅而减小容量，河道阻塞而缩短通航里程，严重影响水利工程和航运事业。黄土高原地区约有 85% 的耕地和 90% 的人口处于水土流失区，根据各观测站资料来估算，占黄土高原地区 39% 的黄土丘陵区，年均输沙量 4 000~9 600t/k ㎡·a，冲刷量为 10 000~20 000t/k ㎡·a，冲刷深度达 1~3cm 以上；占黄土高原地区总土地面积 4.4% 的黄土塬地，其年均输沙量为 3600~4600t/k ㎡·a，冲刷量为 5000-10000t/k ㎡·a，冲刷深度达 1cm。

黄河流域黄土高原地区年均输入黄河泥沙 16 亿 t 中，约 4 亿 t 淤积在下游河床，致使河床每年抬高 8~10cm，形成"地上悬河"，对周围地区构成严重威胁。水库淤积，河床抬高，通航能力降低，洪水泛滥成灾。有些河流还因河床不断抬高而成为"地上河"。这些"地上河"全靠人工筑堤束水，每当洪水季节，容易溃堤泛滥，危害人民的生命财产。

三、恶化生态环境

生态环境恶化，加剧贫困。水土流失是我国生态环境恶化的主要特征，是贫困的根源。尤其是在水土流失严重地区，地力下降，产量下降，形成"越穷越垦，越垦越穷"的恶性循环。如今全国农村贫困人口 90% 以上都生活在生态环境比较恶劣的水土流失地区。20 世纪 30~60 年代，人们对于水土流失灾害的认识还停留在对土地造成直接经济损失方面，但在 20 世纪 60 年代以后，开始联系到人类整个环境所受的影响，包括沉淀物的污染、生态环境的恶化等，加剧沟壑发展。随着水土流失程度的加深，沟壑发展也日益加剧。在晋、陕、甘等省内，每平方公里一般有支、干沟 50 条以上；

沟道长度可达 5~6km，个别地区达 10km 以上；沟谷约占流域面积的 10%，个别可达 40%~50%。这样，就使大面积坡耕地支离破碎，耕种不便，以至弃耕荒废。在水土流失严重地区，由于乱砍滥伐，植被破坏，生态严重恶化，直接影响了农业生产发展和农民生活水平的提高。全国 592 个国家级贫困县几乎都分布在水土流失地区，水土流失是贫困地区难以脱贫的重要原因。

近两千年来，人类活动强烈地影响着黄土高原地区的生态环境演变，使土壤侵蚀在自然侵蚀基础上，叠加了人为加速侵蚀。由于不合理地利用土地，毁林毁草、滥垦滥牧、开荒护种、陡坡耕作、开矿修路及不合理地弃土弃渣等都是造成水土流失的人为原因。因人口的剧增，土地产出率很低，人们为了生存，极力向自然索取，导致土壤侵蚀加剧。随着经济的发展、人类活动的加剧，森林赤字扩大，生物物种大量灭绝。以秦岭为例，与 50 年前相比，秦岭的森林覆盖率由 64% 下降至 46%，林区森林资源贮藏量下降了 70% 以上。在生态旅游开发中，一些宾馆、招待所产生的大量生活垃圾随意倒入秦岭山谷，致使林木生长衰弱、枯萎。森林和植被的破坏使生态环境抵抗自然灾害的能力大大下降。由于林地水分平衡失调，已出现不同程度的衰败退化，同时构成对黄河的威胁。

四、影响水资源合理和有效利用

水资源没有被合理地开发利用。特别是西北地区，人与自然争水现象严重，生态用水减少，天然绿洲萎缩，使本来就十分脆弱的生态环境进一步恶化。影响水资源的综合开发和有效利用，加剧旱情。我国多年农田受旱面积 0.196 亿 h㎡，多数发生在水土流失严重的山丘地区。西北地区水资源相对匮乏，总量仅占全国 1/8，但为了减轻泥沙淤积造成的库容损失，部分黄河干支流水库不得不采用蓄清排浑的运行方式，使大量宝贵的水资源随着泥沙排入黄河。而在下游，平均每年需舍弃 200 亿 ~300 亿 ㎡ 的水资源，用于冲沙入海，降低河床。黄土高原地区降水量少，蒸发量大，资源性缺水严重，加之严重的水土流失，致使水资源承载能力和土地生产能力大幅衰减。该区土地面积占全国的 1/3，但水资源总量仅为全国的 2%，流域内水资源的开发利用率已达 70% 以上，远远超过国际上公认的 40% 的警戒线，导致地下水位下降、旱灾、河道断流等频发。同时，造成黄河水沙关系严重失调，对黄河干流、主要支流大中型水利枢纽产生严重的淤积影响，加剧了黄河水资源的供需矛盾，不仅直接危及黄河的健康生命，也加大了黄河治理开发的成本。

第五节　水土流失防治

如今，我国水土流失尚未得到有效遏制，在局部地区甚至仍存在扩展的趋势。水土流失的治理是我国可持续发展所面临的一项紧迫而艰巨的战略任务。

一、综合治理水土流失

水土流失是地表径流在坡地上运动造成的。各项防治措施的基本原理是：减少坡面径流量，减缓径流速度，提高土壤吸水能力和坡面抗冲能力，并尽可能抬高侵蚀基准面。在采取防治措施时，应从地表径流形成地段开始，沿径流运动路线，因地制宜，步步设防治理，实行预防和治理相结合，以预防为主；治坡与治沟相结合，以治坡为主；工程措施与生物措施相结合，以生物措施为主。只有采取各种措施综合治理和集中治理，持续治理，才能奏效。根据国民经济和社会发展对水土保持生态建设的新要求，21世纪水土保持发展战略总的指导思想是：以建设秀美山川为目标，以防治水土流失为核心，以退耕还林（草）为重点，以坡耕地改造为基础，以小流域为单元，实行山水田林路统一规划，综合治理；工程措施、生物措施和农业技术措施合理配置，充分发挥生态的自然修复能力；依靠科技进步，示范引导，实施分区防治战略，加强管理，突出保护；依靠深化改革，实行机制创新；加大行业监管力度，为经济社会的可持续发展创造良好的生态环境。

二、加强林草植被建设

林草植被建设历来是流域治理水土流失的一项重要措施，对改善区域生态环境具有显著作用。要采取最严厉的措施，严格控制森林采伐、毁林开荒、坡地种植农作物、过度放牧、开矿采石和人为破坏生态环境的行为破坏地貌的活动，以保护和培育好现有植被和水土保持设施为重点，遵循适地适树的原则，加强整地措施，搞好封育管护，全面提高造林种草的成活率和保存率。退耕还林还草和荒山荒坡造林种草相结合进行。

三、开展水土保持的科研和技术推广工作

实施科教兴水保的战略、提高水保科技含量、提高科学技术在水土保持治理开发

中的贡献率是达到高起点、高速度、高标准、高效益的有效途径，是加快实现由分散治理向规模治理、由防护型治理向开发型治理、由粗放型治理向集约型治理开发转变的重要措施。建立比较完整的水土保持行政管理机构和科研机构，建立多层次的水土保持协调机构和民间水土保持组织，建立稳定的水土保持科研队伍，加强高新技术的攻关、推广和应用工作，注重引进国外的先进技术，提高我国水土流失治理的水平。国家投入一定比例的资金用于水土保持；大力开展水土保持科研和技术推广工作。

四、建立稳定的投入保障机制

国家应设立用于水土保持的专项资金，并确保资金投入持续、稳定增长；同时，制订相关政策，支持和吸引社会资金积极参与水土流失治理，形成稳定、多元化的资金投入保障机制。国家应对采取水土保持生态建设的地区提供相应的补偿，在水土流失地区建立一套规范的资源有偿使用制度与生态效益补偿机制，合理调节生态公益经营者与社会受益者之间的利益关系，制订鼓励政策，推动荒山、荒沟、荒丘、荒滩使用权承包、租赁和拍卖，调动广大农民建设生态环境的积极性。银行要增加贷款额度，适当延长偿还年限。

五、加强预警系统建设

继续加大水土流失预防监督工作的协调和监督执法力度，促进水土保持法制体系和执法体制建设，制订流域执法情况监督工作规范和流域近期水土保持监督工作规划，明确流域预防监督工作的思路和目标。加强监测，是如今水土保持工作的迫切要求。各级水行政主管部门要切实加强水土流失的动态监测，强化水土保持监督管理和行政执法工作，与环保、林业等有关部门密切配合，加大查处违反水土保持法律法规行为的力度，争取将各地防止水土流失工作的成效每年反映在监测数据上，为宏观决策提供依据，又可作为对各地工作成效做出量化考核的客观标准。

六、加大执法的力度

进一步健全与加强水土保持法制队伍，切实执行《水土保持法》《森林法》《环境保护法》《草原法》《野生动物保护法》《水法》等法律，以及与生态环境保护相关的法律法规，不断提高全民的法制观念，大力宣传，从各方面推动水土保持工作的开展；制订吸引土地所有者和经营者积极治理的政策，坚决遏制人为水土流失。同时，通过法律的执行，切实保障治理开发者的合法权益，把水土流失的防治纳入法制化轨道。

加大对水土流失区的治理力度，充分利用高新技术，采取工程措施、生物措施等多种措施，重点加大对黄土高原区、长江中下游地区和风沙区综合治理力度，提高植被覆盖率，力求取得突破。

七、合理配置水土资源

我国应该借鉴国外的成功经验，化解水土流失防治政策实施中出现的问题，进一步优化土地资源综合整治措施体系，改善用地条件，缓解人地紧张的矛盾。对我国水土流失治理的长期性与艰巨性应有足够的认识，要坚持统筹规划、突出重点、量力而行，有步骤地实施全国生态环境建设规划中规定的水土流失治理任务。继续坚持已有的成功经验，大力推行以小流域为单元、综合防治的技术路线和关键措施，抓好示范，重点突破，整体推进，加快水土流失防治进程。

八、增强各级各地方政府的决策和管理能力

各地方政府应把水土保持生态建设作为当地国民经济、社会发展计划的重要组成部分和可持续发展战略的一项重大任务，列入重要议事日程。将水土保持生态建设目标、任务与干部政绩考核紧密结合起来，建立健全领导任期目标责任制，层层签订责任状。在水土保持生态建设中，应增强各级水土保持机构的决策和管理能力，以充分有效实施水土流失防治政策，实现水土流失防治政策的现实需要与现实执行能力之间的统筹平衡，要结合本地实际，依法划定、公布本行政区的水土流失重点防治区，采取扎实有效的措施，加快水土流失综合防治步伐，改善水土流失地区的生态环境和农业生产条件，促进区域经济和社会的健康、持续发展。

第六节 自然资源综合利用

自然地理环境由大气、水、岩石、生物、土壤、地形等地理要素组成。自然地理环境是人类生存的自然地域空间，而自然资源是自然环境中对人类有用的部分。资源开发利用如若不能做到适度与合理，必将引起整体环境的改变；而地理环境系统整体的改变也会影响自然资源的持续开发利用。合理利用自然资源也就是保护自然环境。因此，做好自然资源工作需要强化自然地理认知。

一、以自然地域单元调查作为自然资源调查的基础

所有陆表自然资源依存于自然地理环境，自然资源统一调查的基础是自然地理环境调查。由于我国自然地理区划已有大量成果，需要细化 1 ：1000~1 ：250000 的"地块 - 地段 - 地方"三级土地类型调查。以此为基底，进行相应比例尺的陆表自然资源调查，其下关联地质调查和矿产资源调查。

自然地理区划分为综合自然区划和部门自然区划。综合自然区划以自然环境整体为对象，部门/单要素自然区划是在考虑自然地理环境综合特征的基础上，依据某一组成成分地域分异规律而进行的区域划分，如地貌区划、气候区划、水文区划、土壤区划、植物区划、动物区划等。

二、空间规划要加强要素耦合作用和空间尺度分析

"双评价"要关注尺度效应和尺度转换。生态系统格局和过程在不同尺度上会表现出不同的特征，生态系统服务功能依赖在不同空间和时间尺度上的生态与地理系统过程。分析同一生态系统时，由于所采用的时间和空间尺度大小不一，结论往往差别很大，上、下级的"资源环境承载能力和国土空间开发适宜性"评价结果也常常存在不一致的情况。需要从自然生态系统到"自然—社会—经济"复合生态系统出发，分析不同尺度的系统之间存在着的物质、能量和信息交换与联系，科学认知尺度效应和尺度转换，从而得出"双评价"的合理结论。

三、土地整治要认知演替规律，科学界定整治范围

认知土地演替过程。土地不仅包含陆表上下一定厚度内的全部自然要素，也包括要素间的相互作用过程和结果。由于土地与环境之间不断进行物质能量的交换，以及人类活动的改造，各种土地上都发生着特有的演替过程。物质能量交换或人为扰动的强度在不同地段存在差异，同种土地演替即存在不同步的可能，于是，在一定范围内会同时存在处于演替过程中不同阶段的土地类型。将其按照演替的顺序联系起来，就能再现土地演替过程。而这个过程是认知自然生态系统演替规律和内在机理的基础。

全域土地综合整治范围是自然生态系统空间尺度。自然地理系统包含生物群落、生境和处境，构成比生态系统更高一级的系统。由于生态系统的很多生态学过程发生在跨越行政边境的空间尺度，以乡镇为基本实施单元的全域土地综合整治，应在分析土地组成结构、演替结构和空间结构的基础上，按照自然地域单元的整体性要求，以山水林田湖草构成的自然生态系统范围为空间尺度开展。

第七节　农林复合经营技术

农林复合经营是指在同一土地经营单位上，把农业生产和林业生产有机地结合起来，从而形成具有多种群、多层次、多效益、高产出特点的复合生产系统。农林复合经营利用不同生态系统之间的边缘效应和因子互补，将现代农业与传统农业结合、人工生态与自然生态结合，充分发挥了各种资源的潜力，在提高土地利用率、农业生产效益、增加农民收入的同时，改善生态环境，促进了农业和林业的协同发展。皖东地区位于江淮丘陵地带，冬季多风，降水偏少，夏季降水较多；年日照时数 1 900~2 300h，年平均气温 15~16℃，无霜期 210~240d，年平均降水量 850~1 700 mm，物种资源丰富，适宜农林复合经营模式的发展。

一、农林复合经营类型

根据经营目标、组成和功能的不同，农林复合模式一般被分为林农复合型、林牧（渔）复合型、林农牧（渔）复合型以及特种农林复合型四大类型。林农复合型是指在同一土地单位上将农作物和林木相结合的种植经营模式，林农复合型是一种最常见的农林复合经营模式，根据种植结构不同，或以农为主，或以林为主，或者农林并举，这种方式不仅增加了经济收入，也提高了土地利用率。林牧（渔）复合型是指在同一经营单位的土地上将牧业或渔业与林业相结合的经营模式，这种复合经营模式优点在于林中空间范围较大，草叶鲜嫩，虫类资源丰富，适于养殖牲畜家禽，而且禽畜的粪便也有利于提高土壤肥力，促进林木生长。林农牧（渔）复合型经营在我国形成较早也是较为普遍的一种模式，这种模式大多是在滩地上开沟做埘，然后在埘面上栽树并在林下间作农作物，在沟内养鱼或种植水生作物。特种农林复合型经营是以生产特种产品为目的的经营模式，根据不同地区具有的特种作物的生长特点，与农作物相结合进行合理种植，提高农民收入，增加经济效益。

二、农林复合经营模式的设置原则

为建设适合本地区的、稳定的、高效益的复合经营系统，首先要考虑当地的自然环境条件，要充分了解水利、气候、土壤等条件，然后确定间种作物的品种，不能盲目搭配，以免造成损失；要选择适宜的树种、农作物以及禽畜水产养殖的种类，并对它们进行合理的组合和配置，使其形成生态互补，相互促进生长繁殖，最大限度地利用水分、土壤等条件，最大限度地提高生物产量和经济效益；通过农林复合经营获得的产品，无论是林产品、禽畜产品还是水产品都要满足市场需求，农林复合经营生产的产品只有符合市场的需求才能够取得更大的经济效益，才会有更好的发展前景，同时也应该充分考虑当地的交通运输条件以及社会经济情况等客观条件。

三、农林复合经营的技术要求

成功的农林复合经营模式需要相应的技术配合，农林复合经营是将传统农业生产和林业生产相结合的一种新型生产模式，这种模式对生产技术有更高的要求，以前的农业生产技术和林业生产技术已不能满足其生产需要。为了满足农林复合经营的生产需要，需要将不同领域的技术结合起来，形成一种新的技术，从而促进农林复合经营的快速发展，其中主要包括生物技术与工程技术结合、生物防治与化学防治结合、林业技术与农业技术结合、常规技术与现代技术结合。这些技术要与农林复合经营的结构相统一，要把技术作为优化结构的重要手段，并要随着农林复合经营结构的变化予以调整和强化，利用技术手段协调各种生产之间的关系，充分发挥农林复合经营系统的整体功能和效益。

四、农林复合经营效益评价

如果一种农林复合经营模式带来了很大的经济效益，但是破坏了生态环境，给社会带来了负面影响，这也不是一种成功的农林复合经营，因此评价一个农林复合经营模式是否成功要从经济效益、生态效益和社会效益3个方面考虑。从经济效益方面来说，农林复合经营不仅要短期的利益也要有长期利益，要充分利用土地等资源，争取做到以最少的资源获得最大的利益，从而提高农民收入。从生态效益方面来说，农林复合经营要具有防止水土流失、增加土壤肥力、防风、净化空气以及保护生物多样性的作用，不能以破坏生态环境为代价换取经济效益的增加。从社会效益方面来说，农林复合经营生产的产品要尽量满足社会的需要，要以是否促进社会进步、是否带动社会经济发展为评价标准。农林复合经营生产的产品只有满足社会的需要，才能创造经济价值，而良好的生态环境是农林复合经营的基础，因此评价一个农林复合经营模式是否成功要充分考虑其经济效益、生态效益和社会效益。

五、农林复合经营在皖东地区的应用前景

皖东地区的农林复合经营模式发展较为迅速，已取得了较高的经济效益。例如：银杏与油菜、小麦、滁菊的复合经营，阔叶混交林下绞股兰的复合经营等，这些农林复合经营不仅收益高、见效快，也起到以短养长、以耕代抚的作用。

六、发展建议

1. 深化林业体制改革，调动经营者积极性。进一步深化林场产权制度改革，改善经营管理方式，将林场经营的好坏与经营者利益挂钩，做到责、权、利相统一，调动经营者造林护林的积极性，加快林场发展。

2. 建立稳定的领导班子，加强内部管理。建立健全各种规章制度，以可持续发展为指导，以森林分类经营为原则，以森林结构（林种、树种、林令）调整为手段，实行科学经营和管理吧。乡政府对林场制订优惠政策，招聘专业人才，到林场落户；请专家对林场发展出谋献策；对林场职工进行技术培训，提高其文化素质和专业技能；实施激励机制，调动职工积极性；增加林场工人的工资及福利待遇，使之安心工作。

3. 发展农林复合经营（混农林业），将多年生木本植物与农作物或牲畜养殖有目的地结合在同一系统内，营造一个多种群、多层次的人工复合生态系统，进而产生良好的效果。它大体可分为：林粮间作、改进的轮耕制、经济林与农作物的混合种植以及林牧系统（在林下有意识地放牧或在牧场上种植饲料树木，在同一块土地上取得林业和畜牧业的双重效益）。通过社会林业，调整产业结构，大力发展林牧业，加快林区脱贫步伐。

4. 发展生态林业。正确把握生态与经济之间的关系，把现有林的经营建立在生态平衡的基础上，采取科学的采伐更新方式及相应的营林措施，发展立体林业种植模式，充分利用林内、种内以及种间关系，按照自然规律经营，在良性循环中获得最佳的经济效益。

5. 加强《森林法》宣传，贯彻实施林地法律制度。使征占用林地在法律框架内按程序报批，用地单位支付林地补偿费、林木及其他附着物补偿费、森林植被恢复费，以此来规范矿产资源的开采，并且依据"谁污染、谁治理"的环保政策，限期对形成的污染源进行治理。

6. 实行分类经营，推进公益林和商品林的发展。根据林地生态地位、立地条件和管理水平，划分为生态公益林和商品林，按照不同的经营管理措施，分类经营。对生态公益林实行生态效益补偿机制，调动林农积极性，加快建设生态公益林，促进生态环境良性发展。对商品林，以追求经济效益最大化为目的，加大投入，推广新科技，提高经济收益。

阔叶混交林下绞股蓝的复合经营等，这些农林复合经营不仅收益高、见效快，也起到以短养长、以耕代抚的作用。这些农林复合经营在空间上具有多层次的结构，在时间上进行了合理的套种，有效地提高光能和土地资源的利用率，改善生态环境，减少病虫害，实现了生态系统良性循环利用。农林复合经营相较于单一的林业经营或农业经营方式有显著的生态效益和经济效益，是农林产业可持续发展的有效途径之一，在皖东地区有广阔的发展前景。

第八节　水生态综合治理

河流属于水系统与自然环境能量、物质交流的重要媒介，关系着城镇的经济发展和水生态文明建设进程。随着经济的快速发展和城镇化建设的加快，人们对河道景观、人文和自然环境提出了更高的要求，城镇河道生态治理逐渐成为改善河流水体环境和建设新农村的重要方法。疏挖河道、裁弯取直、混凝土或浆砌石固岸等为传统的河道整治措施，为沿河乡村和城镇建设提供了相对安全的生活环境及发展空间，然而这种硬质式护坡形式会进一步加剧水系统的破坏，从而引发一系列的生态环境问题：采取浆砌石或混凝土等硬质性护岸材料会改变河流的自然属性，这种护坡形式减少了对地下水的补给和水陆系统之间的能量、物质交换，并对生物栖息环境造成破坏；各种污染物无法被裸露硬化的护岸过滤吸收，在降水径流作用下排入河流造成水体污染等问题；河水流速在裁弯取直措施下明显增大，导致对河岸和河床底部的冲刷作用显著增强。因此，未来的河道整治中必须引入新的治理理念，将保护水生态系统、改善水体环境、注重水质提升与传统的河道整治技术相结合，增强城镇河道的防洪能力和整体景观效果。

一、城镇河道生态综合治理原则

河道治理工程为恢复河流生态环境和提升水系统承载力的有效方法，为打造绿色生态河流、建设滨河宜居城市及改善水生态环境的根本途径。因此，城镇河道生态治理应遵循的原则有地域性、安全性、自然性和生态性等。

安全性。防洪排涝安全为河道综合治理的基本要求，同时还要注重水环境治理、生态用水和供水安全，河道生态系统中搭建水安全体系为重要的前提。

生态性。生态性是指综合治理项目以保证河流生态健康为前提，通过采取一系列的整治措施满足各类水生物种的生长需求。为了实现河流生态系统的持续健康发展应尽可能地保留原有的生物群落，以提升河流的自净能力和维持水系统的良性循环。

自然性。天然河流的走势大多蜿蜒曲折，为维持河流的自然属性和水体环境，最大限度地保持其原有地貌为河道整治的基本原则。

地域性。不同区域的地貌特征、河流走势、水文地质等环境条件具有明显的差异性和地域性，这就要求治理工程要因地制宜地选择合适的整治措施，不能完全照搬照抄其他河道的治理办法。例如，对于穿越居民区的城镇河流治理，要考虑人们对回归、亲近自然的需求注重河道的景观功能，将城镇景观和水利工程结合来打造人文气息浓郁的滨水宜居乡镇。

二、河道生态综合治理技术

（一）生态护坡工程

城镇河道整治存在的主要矛盾为生态需求与防洪安全，在创造良好生境条件和满足城镇自然生态需求的同时，生态护坡整治模式还可在一定程度上提升岸坡的抗冲防洪能力。所以，对于河道整治问题国际上公认的最为有效的解决办法为建设生态护坡工程。生态学、水力学、水土保持学等为生态护坡技术的理论依据，通过实施植物与工程措施形成护坡系统，充分发挥生态工程的自我修复、自我组织和自支撑功能达到边坡生态修复、抗滑动、抗冲蚀功能，逐步实现人类活动、经济社会、自然生态、水资源与河道的和谐发展，减少河流洪患，有效开发水资源，改善小流域气候和生态环境的目标。可见，生态护坡工程属于一个涉及动植物与微生物的综合体系。然而，关于生态护坡的现有研究大多未考虑边坡生态系统中微生物及动物的功能，而仅仅分析护坡植物的作用，这并未从根本上实现完整的生态护坡。因此，综合考虑如今先进的护坡技术实现完整的工程建设，不断完善技术体系将成为今后研究研究的重点。当前，国内外常用的生态护坡技术如表5-1。

表5-1　城镇河流生态护岸类型

技术类型	护岸类型	应用范围
生物工程	固土植物种植在墙面砌筑的网格内	短期降水较小的河流坡面
多孔质护岸	砼预制件形成的盒式结构、自然石连接及不规则鱼巢结构等护岸结构	动植物种类丰富的河流坡面
植被型生态砼	表层土、多孔砼、难溶性肥料、保水材料组成护岸	城市河道护坡护岸或护坡
生态种植水泥基	河沙、肥料、土壤、低碱性水泥及有机质材料胶结而成，同时含有一定的保水剂	具备环境美化、固坡、抗冲刷性能较好等特点
石笼结构	木石笼、网笼、面坡箱状石笼	沟道狭窄且冲刷严重的河道
土工网复合植被	土工格栅固土种植基、土工网垫固土种植基	抗冲刷性能好，对迎水坡堤防反滤网一般不适用
多自然型技术	巧妙地应用木材、石材等天然材料和钢筋混凝土、混凝土等材料，采用种植植被保护河岸	冲刷不太严重、径流途经段的河流

（二）水质修复治理工程

水环境治理措施主要有污水处理、污水源拦截、有源活水治理以及河床清淤等，为进一步提升河道的自净能力可辅以必要的植物措施，因此河流水质修复属于一项综合性系统工程。水污染治理的关键是加强截污工程建设力度，从截污和污染源治理入手加大污水排放与处理管控力度，倡导水源保护。在达到水质要求的条件下实施生态技术，进一步美化水体环境和提升水质标准。生物修复技术是改善水体环境的有效方法，将生物修复技术与周边休闲场所建设、改善河流水环境等相结合，因存在效果好、成本低、可操作性强等特点，现已广泛应用于工程实践，其应用前景非常广阔且应用价值很高。当前，主要的生物修复技术类型，及其作用机理如表5-2。

表5-2　河道生物修复技术类型

类型	作者形式	机理
土壤渗滤技术	土壤为媒介	运用苇地、林草地、农田等植物-微生物-土壤系统的离子交换、化学与物理吸收、过滤、生物氧化等综合作用，对水中各类污染质降解与固定，改善河流水质
人工湿地技术	多湿、微生物、植物、基质等要素	将生物、化学与物理作用相结合处理河道中的废水
稳定技术	非生物和生物组成	对污水利用水体自净功能处理以浮躁为载体，利用物种竞争相克和植物根部吸附、吸收功能，种植高等水生或陆生植物处理富营养水体
人工浮岛技术	固定系统与植物栽培基盘构成	机理

（三）河道景观工程

河道生态整治的关键为合理设计河流的景观工程，按照空间布局和建设内容将其划分为水域覆盖区域和水域沿岸带的景观设计。在横纵与横向、平面与空间上对河道实施治理措施，将河道防洪排涝、景观设施与河道清淤及水体保护相结合，改善当地人居环境与河流治理相结合，最终创造景美、滩绿、流畅和水清的水环境。

1. 河道平面恢复。以往河道平面设计的常见方法有裁弯取直、修筑高堤、拓宽断面等，在提升了河流的防洪能力的同时也破坏了水陆系统的良性循环，降低了水系统的生态与自然功能，使得水体环境不断下降。因此，在达到河流断面行洪安全的基础上要改变以往的裁弯取直措施，坚持"遇弯则弯，易宽则宽"的原则随地形和层次变化，恢复河流的横向和纵向连通性；另外，尽量安排一些"带囊状"结构的蓄水湖，这有利用生态保护和自然景观的恢复。

2. 河道断面恢复。生态设计是指任何一种能够最大限度地减少破坏水体且与生态过程相协调的设计形式，考虑生态景观与防洪安全等要求选择合适的断面形式，通过对河道断面的优化设计实现生态河流的体系建设。河流系统中的一个岛屿、一座山丘、一片林地或一块草地等都可以作为自然生态系统，为尽量维持河流的自然形状可综合应用不同的工程与管理技术。如今，工程实践中应用最为广泛的有双层、复式、梯形和矩形等断面形式，详见表5-3。

表5-3　河道景观要素及断面类型

断面类型	景观要素	适用范围
矩形断面	浮床式绿岛、悬挂式花坛及植被生态墙等	人口密集的城镇及水位变幅较少的平原河网
梯形断面	生态护坡、亲水台阶及植被缓冲带	农村中小河流和人口密集的城镇河流
复式断面	生态护坡与休闲亭阁、人行马道及亲水台阶或平台等	滩地比较开阔河流
双层断面	浮床式绿岛、生态绿园、文化走廊及人文景观	城镇区域内的河流

3. 生态河堤。今后水环境保护与治理的新趋势为建设生态河堤。生态河堤以创建、保护良好的自然景观和生存环境为基本条件，属于一项融合了美学、生态学、生物学、环境科学和水利工程的综合技术，在满足堤防耐久性、安全性和强度要求的情况下考虑生态效果，创建符合生物生长、水陆涵养与相互连通的仿自然生态河流。生态河堤不仅可以明显改善水体、土壤与周边环境质量，而且可显著提升居民生活水平，充分发挥保持水土的功能。建设的沿岸景点具有显著的生态与社会效益，对于增加周边环境的文化氛围、拓展城市发展空间和促进城镇生态建设等具有重要意义。

4. 建设滨岸植被缓冲带。结合工程时间，对于改善河流水质、截流面源污染等滨岸缓冲带发挥着巨大作用。植被缓冲带属于连接河流与陆地系统的重要媒介，具有维持河流生态性的功能，为实现岸绿、景美、水清的有效途径，这体现在以下方面：调节入河洪峰流量，滞缓地表降水径流；拦截与过滤颗粒态污染物减轻对河流水体的污染程度，降低人类活动影响及增强河岸稳定性；充分发挥土壤吸附、植物吸收溶解态污染物的功能，提供适宜的水生动植物生存空间，增强河流自然和生机活力；促进氮的反硝化作用，增强河段景观个性、地方特色和水环境吸引力。城镇的工业规模较大且人口相对密集，因此工业和生活垃圾、生产量较多，若未能及时地处理这些垃圾，将会在降雨径流作用下汇入地下水或地表河流，从而产生新的非点源污染并降低水环境质量。建设的滨岸植被缓冲带有利于稳固土壤、改善河岸景观和水体环境，对减少入河污染浓度具有明显成效。

从 2018 年起，城镇河道生态水利和环境水利建设势必成为新的发展趋势，通过实施两岸绿化、岸坡防护、河堤清淤等生态措施综合整治城镇河道，这符合新农村建设和人们对生态环境的要求。城镇河道整治涉及水体环境、景观、生态护坡等内容，要综合考虑、统筹规划选择合适的措施：河道治理工程要考虑自然环境、建筑艺术、园林等技术，在达到防洪、供水和灌溉功效的基础上发挥其生态服务和综合功能，最终建设呈人水和谐相处、河川景观优美的近自然型河流。

第六章 生态文明工程技术原理

在生态文明进程中，相关技术历经革新，与时代发展共进步，其间的技术原理到底是什么？本章就围绕着环境变化当中生态文明的相关原理展开论述。

第一节 生态工程概述

一、生态工程的产生背景

（一）生态工程学产生的背景

生态工程是在 20 世纪 60 年代以来全球生态危机的爆发和人们寻求解决对策以及强调资源环境保护的宏观背景下应运而生的，是应用生态学中一门多学科渗透的新的分支学科。

20 世纪 60 年代以来，全球生态危机表现为人口激增、资源破坏、能源短缺、环境污染和食物供应不足，所有这些虽然是人类面临的共同问题，但在不同的国家和地区表现不尽相同。如在西方发达国家主要面临的是由于高度工业化和强烈集约型的农业经营带来的环境污染和其他社会问题。根据美国国家研究院 5 年的研究，在农耕区施用的化学氮肥中，70% 并未被作物吸收，有的进入地下水系使之毒化，有的使土壤发生盐化，还有的进入大气，破坏了臭氧层。

西方和美国的现代农业一方面污染了环境，另一方面还直接危害社会。如大量的动物性食源添加到配合饲料中可提前蛋、禽、肉、奶的上市期，然而这些制品的质量难如人意：奶中的激素含量严重超标，造成婴幼儿的性早熟，以及疯牛病蔓延所造成的一系列社会问题等等。美国农业部官员也发出呼吁：政府的政策应支持发展有机农业，因为它是克服现代农业引起的危机的根本途径。而在发展中国家所面临的不是单纯环境污染问题，而是由于人口增长、资源破坏、生产不足和环境污染综合发作的"并发症"。

某些国家或地区的落后、愚昧、贫穷交织在一起，使当地社会陷于"恶性循环"

的泥潭而不能自拔。如人口增长→比例失调→近亲婚配和拐卖妇女儿童人口素质下降→恶性增长；再如转轨刺激下的多种模式的经济并存下多种矛盾（资源浩劫、污染泛滥）→失业、生产不足→通货膨胀→消费停滞→泡沫经济→多矛盾激化等等。这些国家不但要保护资源和环境，更迫切的是要以有限的资源生产出足够的产品，达到高产、优质、低耗、高效以供养日益增长的人口。现实不容许这些国家仿效发达国家的模式，它们必须立足本地资源和条件去寻求适合于自己发展的途径和技术。生态工程恰恰就提供了这样的发展途径和技术，因而它的产生是必然的。

（二）生态工程学的产生

就生态工程的实际应用来说，我国已有数千年的历史。基于我国是世界上最大的农业国，有数千年精耕细作的农作传统和经验。其中，"轮、套种制度""垄稻沟鱼""桑基鱼塘"等等就是相当成熟的生态工程模式。

然而，作为一个独特的研究领域，生态工程的研究迄今还不到50年的历史。它的产生有其科学理论基础和方法论基础。首先，二十世纪三四十年代以来，生态学研究的整个领域都取得了重大进展。生态学许多重要理论在这一时期得以形成。特别是生态系统概念的提出和生态系统生态学的建立，使生态学研究提高到一个崭新的水平。而且这一时期，整个科学技术与生产力进入一个突飞猛进的新时代，它不仅直接来自自然科学及技术手段的纵深突破，更主要的是各分支学科的横向渗透与交叉。生态工程来源于生态学，虽是应用生态学的一个分支学科，但其重要概念、理论、方法已经并正在被系统论、控制论、信息论、协同论、耗散结构论、突变论及混沌现象、自组织论等所渗透。

1. 西方生态工程学的产生

在西方发达国家和地区，生态危机主要表现在由高度工业化、城市化及强烈集约型的农业经营造成的环境污染和破坏日趋严重。近半个世纪以来，许多环保科技工作者、决策者和实践者不懈努力，探索治理与保护环境的各种途径和方法，试图达到无污染的零排放。实践揭示，按常规的环境工程途径和方法，虽然在局部环境治理与保护方面已有一些成效，但限于人力、物力和财力，难以全面地实现零排放目标，这在发展中国家更是如此。另按环境工程常规方法与途径治理污染，常常需要化石燃料或电能为生产、供应这部分所需的能，往往又产生或增加另一类污染，将污染物从一种介质转移至另一种介质。

为此，自20世纪60年代起，西方一些科技工作者试图运用生态和工程的某些原理和工艺来达到治理、保护和持续发展的目的，从而产生了生态工程。其重点是环境保护。在研究方法与成果方面，主要是研究、分析生态系统组成成分及机制，并在此基础上建立定量揭示系统的物流、能流和行为特征的动态模型与优化控制模型，并领先于世界。生态工程原理被归纳为13项并加以解释。即：生态系统结构和功能取决强制函数（Forcing function），如化学物质（包括水在内）输入及温度等；生态系统是自我设计（自我组织）系统；在生态系统中物质是循环的；生态系统协调需要生物功能和化学成分的一致性；在生态系统中变化的过程具有随时间变化的特征；生态系统成分具有空间范围；生物和化学多样性对生态系统中缓冲能力（Buffering capacity）的贡献；生态系统在其地理边界上是极有价值的；群落交错区是一些生态系统间的过渡带；一些生态系统和另一些生态系统是结合的；具有脉冲形式的生态系统常具有高生产力；生物相互联系，尤其是在生态系统中；生态系统具有与其先前进化的关系相一致的反馈机制、复原及缓冲的能力。

近三十年来，西方生态工程正在从研究走向应用。如在美国加利福尼亚州南部河口区从属于不同水文周期的湿地，建立了利用湿生植物香蒲等去除重金属，改善水质，并进行复基的生态工程。利用以蒲草为主的湿地处理煤矿含硫化铁酸性废水。在伊利湖北部老妇河河口区建立了应用湿地缓冲与净化入湖河水的生态工程处理陆上流来的地表径流，以防止水体富营养化等。在丹麦格雷姆斯湖建立了防治富营养化的生态工程，还有人进行应用生态工程去除堆肥及土壤中的重金属的试验。德国建立了以芦苇为主的湿地处理废水的生态工程。在瑞典的 Stensund 学院已应用室内水生生物的生态工程，处理净化该校的生活污水。有人还研究并正在应用伊乐藻和刚毛藻植物为主的人工生态系统去除过多的氮、磷的生态工程。在荷兰，已试用调控湖泊中生物种类结构（食物链网上一些环节）比例的方法防治富营养化。美国 1992 年提出的生产过程中废物产生与排放减量（Reduction）、废物回收（Recovery）、废弃物回用（Reuse）及再循环（Recycle）的环保 4 个 R 策略正在逐步实施，这些都是环保生态工程的重要措施。在西方应用生态工程实例较多，类型多样，但总的来说西方生态工程如今的应用范围比中国小。农业生态工程（包括有机农业、持续农业及现代农业），是以具体农牧场实践为主，对其研究以调查占较大比重。在研究方法与成果方面是对生态系统组成成分细节分析及机制研究较多。

2. 中国生态工程学的产生

像中国这样的发展中国家面临的生态危机，不单纯是环境污染，而是由人口激增、环境与资源破坏、能源短缺、食物供应不足等共同组成的"并发症"。在此背景下，作为解决这一"并发症"的途径而产生的中国生态工程，不但要保护环境与资源，更迫切的要以有限资源为基础，高产、低耗、优质、高效、持续地生产出更丰富的产品与商品，以供应日益增多的人口的生活需要及其持续发展。

实际状况不允许中国的生态工程仿效西方发达国家的模式，仅重点解决环境保护问题，而要立足本国情况，力求同步达到生态环境效益、经济效益和社会效益提高的目标，维护与改善生态系统，促进包括废物在内的物质良性循环，相互补偿，保证再生资源供给永续不断，人类生活与工作环境适宜与稳定，同时在经济方面有利，增产节耗，产品适销有出路，减亏增盈等。如今我国实际情况，使我们不可能生搬硬套发达国家防治环境污染的经验，单纯以治理污染为目的，不计较环保工程的投资和运转费用，也不强调环保工程商品生产以及实施、管理环保工程者（企业或事业单位）的直接经济收入。在社会效益方面，我国应充分发挥物质条件及科学技术的潜力，从社会需求出发，促使各种社会职能机构的社会效益提高，政策、管理、社会公益、道德风尚能为社会所认同，并有利于全社会的繁荣昌盛。我们的目标是自然社会经济系统的综合效益最高，而非单项效益最高。

中国是世界上历史悠久的农业大国，其传统农业已积累了丰富的精湛技术和优良经验。如轮种、套种制度，因时因地合理搭配种群，农渔、农畜、桑渔、林牧等综合生产与经营，有机肥还田，多层分级利用物质，再生循环维持地力，持续发展等这些都是符合生态学原理的。其中很多至今仍被广泛继续采用，且实践证明是有效的。它保证了中国以仅占世界 7% 的面积供养占全球 22% 的人口，且长期维持地力不衰。这些优良的传统农业经验本身就是朴素的自发生态工程，也是中国现代生态工程发展的重要基础。

另外，中国古典哲学，如阴阳五行说中有关整体论、相生相克、阴阳调度、损其有余、益其不足等及事物运动不已、再生循环、平衡等思想，矛盾论、实践论中有关认识与实践的关系，事物变化中外因与内因的作用，以及"天人合一"的中国古代人类生态观的道理、事理、义理、情理的关系等，对中国生态工程理论的形成和发展，如整体、协调、自生、再生良性循环等，有极其重要的影响。

由于中国研究与应用生态工程是多目标的，兼顾经济、生态环境和社会综合效益，故其形成与发展的基础除以生态学原理为主外，同时还吸收、渗透与综合了许多应用科学，如农、林、渔、养殖、加工、轻工以及环境工程等多种学科原理、技术和经验。生态工程在中国作为独特的研究领域及独立的学科，首先是马世骏于 1979 年提出的，并定义为："生态工程是利用生态系统中物种共生与物质循环再生原理，结构与功能协调原则，结合系统最优化方法设计的分层多级利用物质的生产工艺系统。生态工程的目标就是在促进良性循环的前提下，充分发挥物质的生产潜力，防止环境污染，达到经济效益与生态效益同步发展。"

中国生态工程自形成以来，历史虽很短，但其研究、实践与推广的进展却极其迅速。在研究方面，在多学科渗透和结合的基础上，着重于系统组分间关系的综合，探索系统的结构、功能和趋势，而不仅是系统组分的细节分析和数量的增减。有关中国生态工程的研究论文、经验总结报告，迄今已有 3000 余篇，其中有关生态工程的原理、理论可归纳为整体、协调、自生、再生与循环，因地制宜，以及社会经济 - 自然复合生态系统的概念和相互关系等。

在生态工艺方面也初步总结出加环（生产环、增益环、减耗环、复合环和加工环）；

联结本为相对独立与平行的一些生态系统为共生网络；调整内部结构充分利用空间、时间、营养生态位，多层分级利用物质、能量，充分发挥物质生产潜力，减少废物，根据自然、经济（特别是市场）情况，因地制宜地促进良性循环；受破坏的生态系统的恢复和重建等。研究与应用生态工程的范围很广，涉及农业、环保、林业、养殖等各个领域，分布区域也较广，全国除西藏及台湾外的所有省及自治区，都有研究与应用生态工程试点。

自生态工程在中国正式产生至 1991 年，仅 10 多年时间，有计划和组织的农业生态工程（或称生态农业）的试点县、乡、村或农场就有 22000 多个，覆盖农田面积 2500k ㎡以上，内陆水体 76 k ㎡，草地 912 k ㎡，人口约 2 581 万，另有近百个环境变化水体工程试点均不同程度地获得经济、生态环境和社会效益。特别是举世瞩目的中国五大防护林生态工程：三北（华北、西北、东北）防护林体系、太行山绿化工程、海岸带防护林体系、长江中上游防护林体系和农田林网防护林体系等，计划从 1978 年至 2050 年，人工造林 948 600k ㎡，至 1991 年已完成 191 045k ㎡，对减少径流泥沙，拦洪削减洪峰，防风固沙，改善保护区内农田小气候，促进农业增产及多种经营，已开始显示良好效益。环保生态工程类型多样，如湖北鸭儿湖治理有机磷和有机氯农药污染的生态工程，苏州外城河葑门支塘污水资源化生态工程，一些酒厂、缫丝厂的废水处理和利用生态工程，防治太湖局部水体饮用水源蓝藻暴发的生态工程，以及多种多样的城市污水资源化的生态工程，应用试点已超过百处。

3. 中外生态工程特点的比较

除前述中国与西方生态工程的产生与发展历史背景、理论基础、主要目标和发展现状各有特点外，在应用对象、设计原则、技术路线等方面也各有特点（见表 6-1）。

西方生态工程研究及处理对象，均以自然生态系统来对待，如各类湖泊、草原、森林等，及一些人为（或称重建）生态系统，即在自然生态系统中加入或构造某些原本尤的人为结构，如水利改造、土壤改良等工程需要的生态系统。中国生态工程研究与处理对象，不仅是自然或人为构造的生态系统，而更多的是社会经济 - 自然复合生态系统。生态系统是一定空间和时间（其范制随研究日的而定，并非预先固定的）内。生物与非生物（物理的、化学的）成分相互联系、相互作用，能维持其中生物生存、繁衍的功能系统或单位。生态系统是宇宙的子集。而一些属于宇宙的成分，虽不属于所研究的生态系统，但却与生态系统相互作用的成分所组成的集合，为该生态系统的环境。当今在我们的地球上纯粹的自然生态系统是极少的，绝大部分生态系统或多或少地受到人类活动的影响。

表6-1　中国和西方生态工程比较

项目	欧美	中国
背景	经济及科学技术发达，生态危机主要表现在环境污染	经济及科学技术正在发展中，生态危机表现在人口众多、资源破坏、能源不足、食物不充裕和环境污染多方面
理论基础	生态学原理及生态控制论为主，综合多门自然基础学科	生态学原理及生态控制论为主，综合多门自然和应用技术学科及社会学科
对象	以自然生态系统为主，或重建生态系统	以社会-经济-自然符合生态系统为主
目的	环境保护为主，兼顾经济效益	经济、生态、环境合社会的综合效益
设计原理	生态系统的自我设计为主，辅以人为干预	按预期经济、生态和社会的目的及规律，人为干预为主
技术路线	主要调控强制函数	太阳能为主，辅以人力及较少化石燃料或电耗
能源	太阳能为主，辅以化石燃料或电能及很少人力	绝对需要
再生循环	可采用	农、林、渔、畜禽产品及一些轻工原料
商品生产	通常无	复杂
生物多样性	单纯	高产、优质、低耗、高效生产商品，废物充分利用，环境保护
价值	美化环境，自然资源保护，少或无市场价值	

正如马世骏与王如松所描述的社会经济 - 自然复合生态系统（Social Economic-Natural complex ecosystem）（简称 SENCE）那样，这一系统是以人的行为为主导，自然环境为依托，资源流动为命脉，社会体制为经络的半人工生态系统。它是在一定空间和时间内人群与自然环境及人为设备相互作用及其工作过程的集合。其结构可理解为 3 个关系圈的集合。其核心圈是人类社会，包括组织机构及管理、思想文化、科技教育和政策法令，是 SENCE 的控制部分，为生态核。另一层次是内部环境圈，包括地理环境、生物环境和人工环境，是 SENCE 的内部介质，称生态基，常有一定的边界和空间位置。第三圈是外部环境，称为生态库，包括物质能和信息，以及资金、人力的源；接纳该复合生态系统输出的"汇"；以及存贮物质、能及信息的"槽"，"库"无确定的边界和空间位置，而是表示对内层生态基的相互关系，表达与生态库有联系的"源""汇"和"槽"的影响范围。其物流、能流、价值流、信息流和人口流依赖于外部生态库的支持。SENCE 不同于自然生态系统的地方在于它有内外两层边界，内边界（即内部环境的边界），有特定的空间范围，但不是一个完整的功能实体，其物流、能流、价值流、信息流和人口流依赖于外部生态库的支持。外边界（即生态库的边界）是模糊边界，没有特定的范围，而是表示对内层生态活动的相互关系。

研究 SENCE 的基本任务一是要搞清基与库之间 5 种功能流的动力学特征及库与基之间的作用关系；二是要弄清生态核与生态基之间的控制关系及调控办法。而生态工程研究的任务就是：

（1）系统辨识：定量研究这一系统中结构和功能及其物流、能流链网的各环节间相互关系与生态效应，以及自然与社会风险，从生态系统的物质平衡和包括从人体健康到全球变化在内的生态影响评价，并按其代谢（或转化、排放的物质）影响自然生态过程的程度进行分类。

（2）综合：在辨识基础上，设计、组合多种成分和技术，建立复合的体系。

（3）调控：按生态控制论，调控与优化组合各种技术，用生态学手段去协调它们之间的关系，协调与提高多层分级利用原料、产品、副产品、废弃物、能量、空间、时间、促进良性循环。

西方生态工程的研究、理论和方法的贮备可指导生态工程的应用，特别是定量化、数学模型化及系统组分及其机制的分析等方面尤为突出，今后中西方在生态工程方面，继续加强交流，相互学习，取长补短，将有助于生态工程这一新兴学科和综合工程在全世界的普及、发展与提高。

中国方面，在继承与突出中国生态工程的特色和先进性的同时，除进一步扩大应用范围与地区外，应学习西方之长，重视深入研究一些机制，以及定量化、规范化、系统化和完整化的样板实体，尽力避免在研究中过多的低水平重复的工作，在推广的同时，尽快促进中国生态工程的深入发展，在应用上提高技术水平。如今在中西方生态工程中有些实质相同的理论和相同的专业术语命名各异，这有碍相互交流，如欲将所有中西方生态工程专业名词立即统一起来，尚需做大量工作，但至少应先将有些虽以不同名称叙述的中西方生态工程中已有的和新建的理论，按共同的科学术语统一起来，这将有利于改善中西方在生态工程研究和应用方面的交流。

二、生态工程研究进展

（一）国外生态工程研究进展

1. 国外农业生态工程研究进展

从 20 世纪 30 年代起，大型农业机械的出现，化学工业的飞速发展，以及农业生物技术，尤其是新品种的不断出现，使西方发达国家的农业劳动生产率大大提高，农育产品也大幅度增加。这种以开发化石能源及工业技术装备为特征的农业为集约化农业，它在 20 世纪 60 年代达到鼎盛时期。但进入 20 世纪 70 年代后，随着集约化农业的普遍推行，其自身的问题逐渐暴露出来，这些问题包括：能耗高，随着石油大规模涨价而表现为农田能量投入产出比值下降；加剧了土地资源的衰竭，特别是水土流失、风蚀和地下水过量开采等；动植物品种上的单一和结构上的单调，加重了病虫害和杂草的发生和蔓延；大量化学物质的投入造成土壤、水体和农产品严重污染。这些问题不但影响到农业生产条件的维持能力，还威胁到农产品持续供应的可能性。

为了解决这些问题，在西方发达国家中发展了多种形式的替代农业。其中包括综合农业、再生农业、有机农业、持久农业、生物农业、生物动力农业和自然农业等类型。各种替代农业都强调要充分发挥农业生态系统中的生物学过程，利用生物种群间的相生相克关系，调动共生互利关系和自我调节能力；强调运用生态系统中的能量转化和物质循环规律对维持与优化系统功能的作用；提倡最大限度地依靠作物轮作，加强对秸秆，家畜粪便、豆科作物、绿肥及其他有机废弃物的利用，培肥土壤；保持土壤肥力，持续地供给作物养分；提倡以生物防治措施来防治病虫害等，最终达到尽量避免大量使用无机化肥、农药、生长调节剂及家畜饲料添加剂等来维持农业生产的目的。在美国，主要以从事有机农业的研究和开发为特色。

自 RoodaleJ.I. 于 1942 年创办第一家有机农场以来，从事有机农业的人已越来越多，至 20 世纪 80 年代末为 24 万，为美国农民的 1%。西欧各国侧重于生物农业和生物动力农业，约 1% 的农民参与了这项实验，其中畜牧业占很大的比重，农场类型有专业奶牛场、畜牧场综合农场和种植场等。如荷兰国家实验农场对替代农业系统的比较研究开始于 1979 年，其中生物动力农场占地 22 ha，有 20 头奶牛，采用 10 年轮作，作物中 7% 作为饲料。据调查，澳大利亚的 50 个有机农场，面积最小的为 0.25ha，最大的 5 000 ha。50 个农场包括五种类型：粮/羊型（24 个），牛/奶型（18 个），花/草/饲料型（3 个），养猪型（3 个），蔬菜型（2 个）。亚洲国家也开展了生态农场的研究和建设，其中著名的有菲律宾的马雅农场和泰国的蜀农场，这些都是实行立体种养与资源循环利用的典型。日本则致力于自然农业的研究。自然农业强调土壤生物在适宜条件下正常发展，使土壤肥沃，生产力提高。1988 年在我国举行的国际农业生态工程会议上，日本派出了最大的国外代表团，十几个成员都是研究自然农业的专家，他们带来一部录像片，名叫"活的土壤"，强调保护与提高土壤质量的生物学过程。

可见，国外与农业生态工程有关的研究到如今为止是以具体农场或工厂的实践为主，而科研是在这一过程中进行的，其中调查研究占很大比重。现如今，越来越多的学者还试图通过实验农场的研究来建立一套替代农业的计算机信息系统和技术体系，以推动该项产业的发展。与此同时替代农业的发展逐渐引起了政府的重视。如 1980 年美国农业部组织了有机农业的调查并推荐有机农业模式；1985 年美国国会通过食物安全法，强调低投入农业对食物安全有利，表示政府越来越重视低投入农业的研究、教育和推广工作。

2. 国外环保生态工程研究进展

这类工作在国外生态工程研究和应用中是较多的，反映国内外的侧重点有所不同。

如在全世界发行的英文版"生态工程"专著中，12 项研究与应用实例内，有 9 项与环保及污染物处理与利用有关，特别是污染水处理与湖泊、海湾的富营养化防治更为突出。而传统的环保工程虽可防治局部环境污染，如处理污水时需动力能源和化学药品，而生产这些能源和化学药品又造成污染。而采用的环境保护生态工程，能源主要取自太阳能，设备或工具则多利用自然界存在的生物体（生物种群、群落乃至生态系统），这样投资少，运转费用低，既形成环保效益，又可有一些产品产生经济效益。在美国，已有多处污水处理生态工程。

如 20 世纪 70 年代在佛罗里达 Garimsville 处种植柏树使之成为森林湿地，处理污水中的营养盐（去除污水中 50% 以上的有机质、营养盐和金属元素）；在俄亥俄州，应用蒲草为主的湿地生态系统处理煤矿所排含有 FeS 酸性废水的生态工程（处理后废水铁含量减少了 50%~60%，但硫的去除率不高）。在马萨诸塞州，于沼泽及盐滩上建立生态工程，处理陆上的废水，防止海洋的富营养化。在丹麦，自 1972~1976 年就开始研究与试用 Glums 湖泊富营养化防止的生态工程，建立了生态模型，结果去除了进湖污水中 90%~98% 的磷，1976~1981 年又对该模型进行了改进与修正。在瑞典，污水处理的生态工程受到很大重视，应用机械法、生物法和化学法 3 个步骤处理污水，如今已使城市居民中 80% 的生活污水受到处理。瑞典仅 800 万人口，在 20 世纪 80 年代就为此类工程投资约 5 亿美元，其中包括若干污水处理生态工程，如利用污水作为肥料、农田灌溉处理净化污水，如今在波罗的海内海的"赤潮"已大为减少，甚至在其首都斯德哥尔摩海湾内的水都能游泳了。

另建有许多温室，在室内培养多种水生植物，以净化污水。在荷兰，自 20 世纪 70 年代起，已试验调控一些小型湖泊生态系统的结构，增加直接摄食藻类以及在阳光和营养方面有竞争力的生物种类，防治水体富营养化，减少"水花"。另在一些居民区中建立了若干生活污水处理小型生态工程，以一些垂直分布的充气和厌气土壤滤器纵向组合构成，并据此在计算机上建立了营养盐流动的数学模型。德国也自 20 世纪 70 年代起应用以芦苇占优势的湿地来净化污水。爱沙尼亚利用种植水生维管束植物的湿地来净化污水。匈牙利自 1972 年起即开始应用中国传统的综合养鱼经验，用污水养鱼生态工程来处理污水。奥地利则利用种植物代替沉淀法处理山区生活污水。挪威已试验并扩大生态厕所，可输出 90% 的 N 和 50% 以上的 P 及有机质。1991 年 3 月在瑞典举行的污水处理生态，工程国际学术会议上，20 多个国家的代表提出的 30 多篇报告反映各国在这方面进展很快。特别表现在揭示这类生态工程的机理，以及在各成分相互关系的定量基础上，运用计算机建立数学模型。

（二）我国生态工程研究进展

H.T.Odum 在其《能量、环境和经济》中文版的序中指出："世界各大国中，中国的农业和水产养殖业系统在保持人类与地球的和谐关系上，具有最悠久的历史。世界上许多发达国家通过掠取其他国家资源而使经济过分发展起来；其他国家则因廉价出卖太多资源而陷入困境。中国不愿为小利而出卖资源，在利用本国资源方面有较好的经验。今后数十年，世界资源不能维持大多数地区的经济继续有较大增长。相信中国具有优良传统和方法，与自然界保持平衡。"

1. 我国农业生态工程研究进展

我国农业生态工程的研究与进展取得了丰硕成果，令世界瞩目。自生态工程在我国正式提出（20世纪70年代末）至1991年，10多年的时间，有计划组织的农业生态工程（或称生态农业）的试点县、乡、村或农场就有2 000多个，覆盖农田面积达25000 k㎡以上，内陆水体76 k㎡，草地912 k㎡，受益人口约2581万。特别是举世瞩目的中国五大防护林生态工程对减少径流泥沙，拦洪削减洪峰，防风固沙，改善保护区内农田小气候，促进农业增产及多种经营，已开始显示良好效益。我国农业生态工程的特点是：注重传统农业技术与现代技术的结合。我国传统农业中的许多精湛技术，由于符合生态学原理，在今天的农业实践中仍被证明是行之有效的。如稻田养鱼、桑基鱼塘，这些至少具有10个世纪历史的技术至今仍被我国南方许多地区广泛采用。而当代的生物技术、生态技术、化学技术、机械技术、环境治理工程技术以及小流域水土流失治理工程技术等现代技术也逐步被生态工程所采用。我国农业生态工程的研究目标是注重生态效益和经济效益的结合，强调提高生态效益是建筑在经济效益提高的基础上，强调农业生产与环境保护同步发展。

2. 我国环保生态工程研究进展

环保生态工程是我国生态工程研究中发展较快的另一个领域。我国长期以来已有许多自发的废物利用、再生、循环的传统经验。如生活污水及粪便用作农田肥料或养蚯蚓培植食用菌等，皆是祖先创造并留给我们的宝贵财富，也是发展生态工程的主要基础之一。但研究、设计与应用生态工程，以及在生态学原理指导下的工作则在20世纪50年代才开始。

马世骏等在20世纪50年代首先提出调控湿地生态系统的结构与功能来防治蝗虫灾害，20世纪60年代调控污水养鱼开始较大规模的发展，20世纪70年代中国科学院武汉水生生物研究所等单位对有机磷和有机氮严重污染的鸭儿湖的防治生态工程，20世纪80年代初中国科学院南京地理所等单位又从生态系统水平研究实施了以凤眼莲为主的污水处理与利用生态工程，不仅治理了苏州、丹阳、山东、安徽等地的一些河道、湖泊和沟渠的有机污染，还增产了大量青饲料，推动了当地养殖业的发展。中国科学院沈阳应用生态研究所等单位，从20世纪50年代起，持续几十年研究了污水蒲溆生态工程，并不断研究解决污灌中存在的问题，我国污灌面积从20世纪60年代的42000ha，至1977年达到105333ha，到1984年已发展到1400000ha。

华东师范大学引进并筛选了光合细菌，研究揭示多种光合细菊的生活、繁殖条件及其动态，并试用其处理上海市居民粪便及一些工厂的有机废水。南京大学自 20 世纪 60 年代初，引种、研究并利用大米草、互花米草，人工建造海滩盐沼植被，调控海滩生态系统结构，保滩护堤，并分层多级的利用开发米草生物量，取得良好的生态、经济和社会效益。我国环保生态工程的特点：以整体观为指导，研究和处理对象是生态系统或复合生态系统，全面规划一个区域，而并非某些局部环境或生态系统中的某一部分，其目的是多目标的，即同步取得生态、经济和社会效益；以调控生态系统内部结构与功能为主，来提高生态系统的自净能力与环境容量，对外因（污染控制、输入物质与能源的量）仅作为条件，因而并不单纯过分限制工厂、生活区的排污量，避免激化生产发展与环保的矛盾；通过分层多级利用，使污染物质资源化，变废为宝。

我国环保工程粗略地可划分为 5 类：

1）无（或少）废工艺系统，主要用于内环境治理，在一些工厂或工业城市中的废物再生和利用系统，如废热源的再利用，工业废物的净化再循环等。

2）分层多级利用废物生态工程，使生态系统中的每一级生产中的废物（下脚料）变为另一级生产过程的原料，使所有废物均被充分利用，如一些家畜（或家禽）养殖场所产生的粪便，配合沼气发酵，沼液无土栽培饲料或蔬菜，沼渣再制混合饲料或肥料等。

3）复合生态系统内的废物循环、再生系统，如桑基鱼塘生态工程。

4）污水自净与利用生态系统，充分利用污水中的有机成分作为营养源，既净化了污水，又利用了其中的营养元素和水资源，如污灌和污水养鱼技术。

5）城乡（或工、农、牧、副、渔）结合生态工程，在一定区域内，应用不同生态工程分层多级利用废物，实现 3 个效益，如城市粪便、垃圾、饲养场家禽家畜粪便等制作沼气，再做农田肥料或鱼饲料，一些食品及轻工工厂废物用作畜牧、水产养殖饲料，其废物再作肥料，以及一些废旧物资的回收、再生与利用等。

第二节　生态系统原理

一、整体性原理

（一）整体论和还原论

整体论和还原论是探索自然的二类不同的途径，也是科学方法论中长期争论的一个问题。生态学家所碰到的分歧大多由于他们各自站在整体论或还原论的立场。自 17

世纪牛顿首先提出运动定理以来，在科学研究中，实际上是还原论占据了优势。还原论认为宇宙是一个机械系统，最终能还原为一个决定性的力的控制下的个别微粒的行为。这样在研究中将一个整体的成分分开来研究，主要进行要素分析、定量表述，从而简化了研究，并更容易阐述科学结果，确信整个世界可还原为最简单的要素。这一科学方法对于探索出自然界中的支配关系实际是很有用的，例如在生态学中探索光的强度与初级生产力的关系；某种有毒物质的浓度与某种生物的死亡率的关系等。

整体论者认为还原论的方法有其明显的不足，对一些从有机整体（系统）中分开来的成分的研究，是不能揭示复杂系统或有机整体的性质和功能的。例如不能按组成人体（或生物有机体）的所有细胞的性质来揭示人体的性质和功能；不能按构成一个建筑物的砖、石、沙、木、钢筋、水泥等建筑材料的性质和功能来说明该建筑物的性质和功能。因此，对一个系统的研究，要以整体观为指导，在系统水平上来研究。虽然这类研究目前是较困难的，但却是必要的。整体理论是综合了解系统如生物圈、生态系统整体性质以及解决威胁区域以至全球生态失调问题的必要基础。当然这并不意味对组成成分性质的研究和了解是多余的，因为对各成分的性质及与其他成分相互关系的了解越多，对系统的整体性质就能更好地了解。但是仅对一个生态系统成分的了解是不够的，因为这些研究不能解释系统的整体性质和功能，一个生态系统的成分是通过协同进化成为一个统一的不可分割的有机整体。

（二）社会经济自然复合生态系统（oxial economic natural compound cxosystcm）

生态工程研究与处理的对象是作为有机整体的社会 - 经济 - 自然复合生态系统，或山异质性生态系统组成的、比生态系统更高层次水平的景观。它们是其中生存的各种生物有机体和其非生物的物理、化学成分相互联系、相互作用、相生相克、互为因果地组成的一个网络系统。一个生态系统的成分是通过协同进化成为一个统一的不可分制的有机整体，其中每一个成分，如一种生物或某一种化学物质（营养盐、污染物等）的表现、行为、动态、变化及功能，无一例外地、或多或少地、直接地或间接地受其他一些成分和过程的影响，反过来也影响其他的成分，它们是多种成分综合作用的效应，是两种或两种以上不同成分的合力，相互激发与加强的结果。是多种成分的因果（剩余）体现。

每种成分的特性、行为、动态、变化及功能，只能在此系统内表现和发展，而不能离开该系统和自然界单独表现和发展。例如在一个水体生态系统（池塘、湖泊或河流）内的一种营养元素的表现，化学形态、分布、浓度、动态及变化既受一些物理因素和过程，如沉淀、再悬浮、稀释扩散的影响；又受一些化学因素和过程，如氧化或还原、化合或分解、络合或螯合等的影响；同时还受一些生物因素和过程，如某些生物的吸收或摄食同化与异化的影响。

另如其中某一种植物的存在、分布、密度、生长、生殖、生产力及对某些化学元素的富集等，要受到所在生态系统中水的深度、温度、透明度、多种营养盐及物质的化学形态、浓度及比量等物理、化学因素和过程的影响；同时也受其他生物与它的互利共生及竞争、排斥等作用的影响，而这些植物反过来也对水的流速、透明度，一些化学元素的化学形态、浓度、动态、分布等产成分与强制函数综合的效应。当一个系统内结构间、功能间及结构与功能间协调时，其整体效应往往大于组成该系统的各种成分的效应的简单加和。但是，如反之，一个系统的结构间、功能间、结构与功能间不协调，则其整体效应往往小于组成该系统的各成分的效应的简单加和。

生态工程是以整体观为指导，在系统水平上来研究，整体调控为处理手段。虽然这样研究与处理是较困难的，但却是必要的。整体理论是综合了解系统，如生物圈、生态系统整体性质，及解决受胁区域以致全球生态失调问题的必要基础。当然这并不意味对组成成分的研究和处理是多余的，因为对各成分的性质及与其他成分相互关系的了解越多，对系统的整体性质就能更好地了解。但是仅对一个生态系统成分的了解与处理是不够的，因为对单一成分孤立地研究与处理不能解释与改进系统的整体性质和功能。在研究、设计及建立一个生态工程过程中，必须在整体观指导下统筹兼顾。一个生态系统，或社会 - 经济 - 自然复合生态系统，在自然和经济发展中往往有多种功能，但其中各种功能的主次和大小常因地、因时而异。应按自然经济和社会的情况和要求，确定其主次功能，在保障与发挥主功能的同时，兼顾其他功能。统一协调与维护当前与长远、局部与整体、开发利用与环境和自然资源之间的和谐关系，能够保障生态平衡和生态系统的相对稳定性。防止片面追求当前的局部利益，牺牲了整体和长远利益，兴利却伴随着废利或增害，产生了一些不利于持续发展的问题与后果。

二、协调与平衡原理

（一）协调原理（Harmony principle）

由于生态系统长期演化与发展的结果，在自然界中任一稳态（Homeostatic）的生态系统，在一定时期内均具有相对稳定而协调的内部结构和功能。生态系统的结构是组成该系统生物及非生物成分的种类及其数量与密度、空间和时间的分布与搭配相互间的比量，以及各种不同成分间相互联系、相互作用的内容和方式。结构有其相对的稳定性，绝对的波动性、变异性和有限的自我调节性。结构是完成功能的框架和渠道，直接决定与制约组成各要素间的物质迁移、交换、转化、积累、释放和能流的方向、方式与数量，决定功能及其大小。它是系统整体性的基础。不同类的生态系统，不同时期、不同区域的同类生态系统，其结构可能不同，因此呈现不同状态和宏观特性，从而对自然界、人类社会、经济的支持、贡献和制约作用也不同。而生态系统的功能是接受物质、能量、信息，并按时间程序产生物质、能量、信息。

概括来说，可谓"由输入转化为输出的机制，从而造成系统及其状态的变换"。它是组成系统的全部或大部分成分（状态变量）与由系统外输入及向系统外输出的物质、能量和信息的综合效应。例如物流（物质的迁移、转化、积累、释放、代谢等）、能流、信息流、生物生产力、自我调节、污染物的自净等。功能是维持结构的存在及发展的基础，但又是通过结构这一框架和渠道来实现的。一个生态系统的功能决定一个生态系统的性质、生产力、自净能力、缓冲能力，以及它对自然、人类社会、经济的效益和危害，也是该生态系统相对稳定和可持续发展的基础。在一个生态系统中，物质的迁移、转化、代谢、积累、释放等功能，在空间上时间上要遵循一定的序列，按一定层次结构来进行，且各层次、环节间的量及物质和能的流通量也各有一定的协调比量。

任何超越一个生态系统自我调节能力的外来干扰、破坏结构间协调或功能间协调，或结构与功能间协调，势必破坏与改变该生态系统的原有性质及整体功能。例如在我国苏南及内蒙古等地区，原有许多水草型湖泊，但由于过量（超越水草的年生产量和再生量）利用，如滥捞水草作为肥料、饲料或过量放流草鱼、螃蟹等草食性动物，使水草量减少，破坏了原有水草与其他成分如背养盐及以水草为饵料的水生动物的合适协调比量，削弱原来水体中通过水草迁移、转化、积累及输出氮、磷等营养元素的通道（营养链）及量比，使水体中浮游植物的量增加，促进了浮游植物的生产力和现存量，从而降低水的透明度及补偿深度（约为透明度的 2.5 倍处深度，该处光通量约为水表面光量的 1%）。

原可供沉水植物生长繁衍的湖底层，由于补偿深度降低，落于补偿深度以外的区域，抵达该水层的光通量减少，已不能满足绝大多数种类的沉水植物的光合作用需要，进一步减少该处沉水植物的生产量，甚至使沉水植物在该水层处消失。全湖水草量进一步减少，浮游植物生产量和现存量增加，湖水透明度及补偿深度随之进一步降低，如此恶性循环，导致全湖沉水植物消失，加速了富营养化过程，使这些湖由草型湖变为菜型湖，由中营养型或贫营养型湖变为富营养以致恶营养型湖，降低了生物多样性和水体对一些营养盐及有机质的自净能力，减小了水体的环境容量，恶化了水质。虽水量未变，但水质变差，削弱了这些湖泊作为生活及工业用水水源的社会经济功能。

辩证唯物主义的哲学认为外因（强制函数）是变化的条件，内因（内部结构和功能）是变化的根据，外因通过内因才起作用。我们在污水处理和利用生态工程农业生态工程等很多实践中，按照这一原则去设计、运行并取得成功的经验。例如在一些受污水体中，并设截污分流，来控制外来污染物的量，而是调控受污水体内部结构，如种植或养殖一些水生动植物，增加或扩大一些有机质及营养盐在该生态系统中迁移、转化积累和输出的环节、途径和数量，提高了该水体自净能力及环境容量，不仅净化与改善了水质，改善了生物多样性，而且化害为利，增加了青饲料及鱼鸭等产品和产量。又如在一些农田中，在种植面积不变,施肥量及其他强制函数不增加情况下,调整内部结构,即通过轮种套种、间种、改良作物品种等措施,使结构间、功能间、结构与功能间更加协调,充分发挥物质生产潜力,既增加产量又保护了水、土资源及生物多样性。

(二)平衡原理(Balance principle)

生态系统在一定时期内,各组分通过相生相克、转化、补偿、反馈等相互作用,结构与功能达到协调,而处于相对稳定态。此稳定态是一种生态平衡。生态平衡就整体而言可分为:

1. 结构平衡:生物与生物之间、生物与环境之间、环境各组分之间,保持相对稳定的合理结构,及彼此间的协调比例关系,维护与保障物质的正常循环畅通。

2. 功能平衡:由植物、动物、微生物等所组成的生产分解-转化的代谢过程和生态系统与外部环境、生物圈之间物质交换及循环关系保持正常运行。但由于各种生物的代谢机能不同,它们适应外部环境变化的能力与大小不同,加之气象等自然因素的季节变化作用,所以生物与环境间相互维持的平衡不是恒定的,而是经常处于一定范用的波动,是动态平衡。

3. 收支平衡:生态系统是一开放系统,它不断地与外部环境进行物质和能量的交换,并有趋向输入与输出平衡的趋势,如收支失衡就将引起该生态系统中资源萧条和生态衰满(Ecological exhaustion)或生态停滞(Ecological stagnancy)。

当一个生态系统中物质的输入量大于输出量,且超越生态系统自我调节的能力时,过度输入的物质和能将以废物的形式排放到周围环境中,或是以过剩物质的形式积蓄于生态系统中,这样就造成收支失衡,原有协调结构与功能失调,导致环境污染,即生态停滞。其指标可以按输入与输出的某些物质的比量来计测,即在一定时期内,某些物质的输入量与输出量的比例大于1。当生态停滞严重时,如水体接受过量废水中的一些物质(污染质),其量超越该水体可迁移、转化、输出的量,出现收支失衡、导致污染,这就应当增支节收、恢复收支平衡。一方面调整并协调内部结构和功能、改善与加速生态系统中物质的迁移、转化、循环、输出,以增加过剩物的输出,同时,另一方面控制过剩物的输入。

在一个生态系统中某些物质的输出量大于输入量,其比例小于1。此种状况即生态衰竭,如过度放牧、过度捕捞等,这是以破坏资源及环境,牺牲持续发展为代价,来获取一时的高产与暂时效益的。在这种情况时,应当采取增收节支,以恢复收支平衡。一方面增加生态系统物流中匮乏物质的输入量,另一方面调整与协调该生态系统内部结构与功能,改善与加速物质循环,减少匮乏物质的输出。只有某些物质输入与输出量平衡时,即其比量接近1时,才反映人类活动对该生态系统的不利影响是不大的。社会经济-自然复合生态系统中,不仅在物流方面要力求收支平衡,而且在人力流、货币流方面也可能出现停滞与衰竭的问题,这可应用一些经济规律来解决。

三、自生原理

自生原理（Self Resiliency）包括自我组织（Self organization）、自我优化（Self optimum）、自我调节（Self regulation）、自我再生（Self regeneration）、自我繁殖（Self-reproduction）和自我设计（Self-design）等一系列机制。自生作用是以生物为主要和最活跃组成成分的生态系统与机械系统的主要区别之一。生态系统的自生作用能维护系统相对稳定的结构和功能及动态的稳态以及可持续发展。

（一）自我设计和自组织原理

自然生态系统的自我设计能力是生态工程或生态技术中最主要的基本原理之一。这包括：通过设计，能很好地适应对系统施加影响的周围环境，同时系统也能经过操作，使周围的理化环境变得更为适宜。正是由于这一自我设计的特点，自然界也在扮演着"工程师"的角色，不断完成或进行着一个又一个的"工程"。例如宇宙的形成，地球的形成以及地球生命环境的形成，这是地地道道的毫无人工斧凿的"天作地合"，毫无疑问是最客观的大自然自我设计的杰作。再从生物界来看，树枝上叶子的排列，也可谓树木利用光能自我设计的精巧之作。饭田和费希尔两位学者先用计算机为某一树种的枝条做出最优设计，使其上的树叶都能获得最大最日光；然后将这最优设计图同这些树木本身相比较，发现两者有惊人的相似。他们不仅惊叹："树木已经完全懂得如何组织他们的叶子和枝丫了。"当然，大自然的"沧海桑田""百川归海"等等工程有许多"上乘之作"，如"佳林山水""尼亚加拉大瀑布"给人类带来了美的享受；矿物燃料、各类矿藏等给人类提供了生活必需品和无价之宝；然而也有给人类带来灭顶之灾的，如庞贝的沉没、古楼兰的消逝直至可怕的大地震等等。总之，自然的变迁，自然的工程是不以人的意志为转移的。问题的关键在于我们怎样很好地认识它（的自我设计），从而如何巧妙地利用它（的自我设计），或补充设计它。

自组织或自我设计，是系统不借外力自己形成具有充分组织性的有序结构，也即生态系统通过反馈作用，依照最小耗能原理，建立内部结构和生态过程，使之发展和进化的行为，这一理论即为自组织理论。自我优化是具有自组织能力的生态系统在发育过程中，向能耗最小、功率最大、资源分配和反馈作用分配最佳的方向进化的过程。自组织系统有3个主要特征：第一，它们是不断同环境交换物质和能量的开放系统。第二，它们都是由大量子系统（或微观单元）所组成的宏观系统。第三，它们都有自己演变的历史。低层次的子系统或元素一旦形成，就会出现原有层次所没有的性质。自组织过程就是子系统之间关系升级的过程。Odum认为生态工程的本质就是生态系统的自组织。他将自组织理论在生态工程中的作用提到极其重要的地位。他认为在一个生态工程的设计与建设中，人类干预仅是提供系统一些组分间匹配的机会，其他过程则由自然通过选择和协同进化来完成。假如要建立一个特定结构和功能的生态协调系统，人们在一定时期对自组织过程的干涉或管理必须保证其演替的方向，以便使设计的生态系统和它的结构与功能维持可持续性。

（二）自我维持原理

生态系统是直接或间接地依赖太阳能的系统，因而是一个自我维持系统。一旦一个系统被设计并开始运作，它就能不断地自我维持，其间仅靠适量的外界投入。如果该系统不能自我维持下去了，说明在系统和环境间的某处联结环出了问题或外界的干扰（补充设计）有误。米草生态工程以种植生态系统的构建为主，人工建立米草草场后，系统便处于自我维持状态，发挥出特有的保滩护堤、促淤造陆等生态效益和开发后的经济效益。

（三）自我调节

自我调节是属于组织的稳态机制，其目的在于完善生态系统整体的结构与功能。而不仅是其中某些成分的量的增减。当生态系统中某个层次结构中某一成分改变，或外界的输出发生一定变化，系统本身主要通过反馈机制，自动调节内部结构（质和量）及相应功能，维护生态系统的相对稳定性和有序性。在一个稳态的生态系统中负反馈常较正反馈占优势。自我调节能在有利的条件和时期加速生态系统的发展，同时在不利时也叮避免受害，得到最大限度的自我保护，即它们对环境变化有强的适应能力。生态系统的自我调节主要表现在3方面。

1.同种生物种群间密度的自我调节

种群不可能在一个有限空间内长期地、持续地呈几何级数增长，随着种群增长及密度增加，对有限空间及其资源和其他生存繁衍的必需条件在种内竞争也将增加，必然影响种群增长率，当它达到在一个生态系统内环境条件允许的最大种群密度值，即环境容纳量（Environmental carrying capacity）时，种群不再增长。而当超过环境容纳量时，种群增长将成为负值，密度将下降。而种群增长率是随着密度上升逐渐地按比例下降。种群生态学中有名的逻辑斯蒂增长方程（Logistic growth equation）和曲线，就是对这种种群内自我调节的定量描述。这一规律应是人工林种植密度，湖泊、池塘放养鱼量和冬夏草场放牧牲畜头数等必须遵循的原则。种群密度在1/2环境容纳量（K）时的生产量是最高的。因为生产量是其现存量与增长率的乘积，在低于1/2 K时，虽然其增长率较高，但其本底，即生物现存量却很低，故其生产量（现存量和增长率的乘积）并不高。

而当密度大于1/2 K时，虽然现存量较大，但增长率却变低，故生产量也不高。只有当现存量及增长率均处于该中值时，其生产量才是最高的。我们于苏州外城河中培养凤眼莲净化和利用污水时，应用这一原则，采取分区分批轮收办法，人为调控种群密度，根据凤眼莲的周转期为 7 天，将凤眼莲种植区分为 7 块，每日轮收一块，每块收取一半，使其种群密度保持在 1/2 K 的状态，7 天后，当它增长至环境容纳量时，正好又轮收到该块，又使之恢复到 1/2 K 的状态，已成为关键技术措施之一。

2. 异种生物种群之间数量调节

在不同种动物与动物之间，植物与植物之间，以及植物、动物和微生物三者之间普遍存在异种生物种群之间数量调节。有食物链联结的类群或需要相似生态环境的类群，在它们的关系中存在相生相克作用，如百利共生、他感作用、竞争排斥等，因而存在若合理的数量比例问题。农业中的轮作、间作、套种，森林（包括防护林）的树种结构及草木、濮木和乔木的结合，养殖生产中混养不同类群生物的搭配，防除富营养化水体中藻类等均以此项原理为依据。在荷兰，应用食物链中类群间的关系，在富营养湖中放养一些肉食性鱼类，从而摄食并降低了食浮游动物的鱼类和幼鱼，导致浮游动物数量增加，这些浮游动物是浮游藻类的摄食者，随着浮游动物数量的增加，被摄食浮游藻类量增多，从而抑制了水体中浮游藻类数量，从而控制了水体富营养化（Richter，1986）。我们的经验是在浮游藻类较多的水体中，直接放养一些滤食性鱼类（如白鲢、白鲫）或河蚌（如三角帆蚌、褶纹冠蚌），不仅利用浮游藻类生产出有经济价值的产品（食用鱼、珍珠），且也抑制了水体中浮游藻类，获得环境效益。

3. 生物与环境之间的相互适应调节

生物要经常从所在的生境中摄取需要的养分，生境则需对其输出的物质进行补偿，二者之间进行物质输出与输入的供需适应性调节。例如在水体中输入较多量的有机质及营养元素，则水体中分解这些有机质微生物的菌株、生产力和生物量将随之增加，从而加速与增加有机质的速率和数量，降低了水中有机质浓度增加的幅度。由于输入及有机质分解产生的营养盐量的增加，从而吸收与转化这些营养盐的植物（水草或浮游深类）的生产量及生物量也随之增加，迁移转化及贮存了更多营养元素，从而自我调节与控制了水中这些营养盐浓度，避免水体中有机质及营养盐浓度的过度增高。这种调节是维持土地生产力持久不衰，防治水体被有机质污染的基础，也是设计区域环境和维持生态平衡的理论依据。但是这种调节能力，即缓冲能力（Buffering capacity）是有一定限度的，如果干扰超过其缓冲能力，则将破坏原有的生态系统结构功能和生态平衡，可能对人类社会及自然产生不利。

四、循环再生原理

（一）物质循环和再生原理（Circulation principle）

我们生存的地球上，为什么能以有限的空间和资源持续地长久维持众多生命的生存、繁衍与发展？其中奥妙就在于物质在各类生态系统中，生态系统间的小循环和在生物圈中的大循环。在物质循环中，每一个环节是给予者，也是受纳者，循环是往复循环，周而复始的。因此，物质在循环中似乎是取之不尽，用之不竭的。

中国古哲学认为一切矛盾都可在循环流通中解决。如果事物的循环动转畅然无阻，顺利完成，就会产生于人、于物有利的结果。《易经》的复卦比较集中地表达了这一思想，认为能顺利完成往复循环者，一切顺利，否则会不利或遇灾难。这一思想对认识当今生态危机及寻求自然与人类社会双双受益，持续发展途径的生态工程有重大现实意义。当今环境污染、资源衰竭的问题，从循环论观点看，是废物大量产生或某些再生资源开发过度，而阻滞、干扰正常循环道路，生态系统的小循环，甚至生物地球化学大循环无法消纳转化大量产生的废物，或是由于人为无意地干扰了大、小循环中个别环节，这些环节被削弱以至消灭，循环失调与失衡，致大、小循环运转不畅，不能顺利进行，最终造成污染，环境破坏。《易经》说："易穷则变，变则通，通则达，达则久。"这里"穷"不是指贫穷，实指一种道理，事物、秩序已经老化，到了尽头。

这时就要改变这种不合理的状态，变化了就能使循环路线畅通，畅通了就能持久、持续发展。而生态工程处理废水，就是采取措施，调整循环运转的各个环节及途径，协调这些环节的输入、转化与输出的物质的量；损其多余，使废物（水）资源化、促使"废物"转化为有用原料或商品；益其不足，保护濒危或遭受破坏的资源动植物，增加循环运动中不足的物质和协调比量偏小的环节，理顺循环各环节间关系。使之协调和谐，促使循环之路畅通。在物质循环的范围上缩小到比生物地球化学大循环的范围更小的一些生态系统内或之间，促使循环速度更快，为物质生产和生物再生提供更多机会，变废为宝，化害为利。

（二）多层次分级利用原理（Multilevel use principle）

物质再生循环和分层多级利用，不仅意味着在系统中通过物质、能量的迁移转化。去除一些内源和外源的污染物；还要利用这特有的工艺路线，达到尽量高产、低耗、高效地生产适销对路的优质商品；此外还要做到变废为利，保证转化后的一些物质输出的可行性，同步收到生态、经济社会三方面效益。再生循环与分层多级利用物质是系统内耗最省、物质利用最充分、工序组合最佳最优工艺设计的基础。分层多级地充分利用空间、时间及副产品、废物、能量等资源，在代谢（生产）过程中，一种成分（环节）的输出物（产品、副产品和废物等）和剩余物（所用的原料）是另一些后续成分（或环节）代谢（生产）的原料（输入物），它们的输出物（产品、副产品、废物）又是其他一些后续成分（环节）的代谢（生产）原料……许多环节按此方式联结成一网络，使物质在系统内流转、循环往复，运行不息。若结构合理、各成分（环节）比重协调合适，使每个成分（环节）所输出之物，正好全部为其他后续成分（环节）所利用。这样在系统中多层分级利用的结果，使所有副产品及废物均作为原料，也就无废物了，从环保观点看，也就无污染物了。而空间、时间、物质均被充分利用，增加了产品与总产量，且节约了原料、时间和空间，形成了高产、低耗、高效、优质、持续的生产。从经济观点看，这是极为经济的。这种多层分级利用模式是自然生态系统中各个成分长期的协同进化与互利共生的结果，也是自然生态系统自我维持与持续发展的方式。在生态工程中应当遵循、模拟和应用这一原理和模式，同步兼收生态环境、经济及社会效益。

第三节　构成

一、中国生态工程发展特点

中国与国外蓬勃发展的生态工程各有自己的特点，中国生态工程有独特的理论和经验，中国生态工程所研究与处理的对象，不仅是自然或人为构造的生态系统，而更多的是社会 - 经济 - 自然复合生态系统，这一系统是以人的行为为主导，自然环境为依托，资源流动为命脉，社会体制为经络的半人工生态系统。其结构可以分成为 3 个主要集合。

二、生态工程构成

核心圈是人类社会，包括组织机构及管理、思想文化，科技教育和政策法令，是核心部分为生态核。另一层次是内部环境圈，包括地理环境、生物环境和人工环境，是内部介质，称为生态基。常具有一定的边界和空间位置；第三圈是外部环境，称为生态库；包括物质、能量和信息以及资金、人力等。

三、国外的生态工程发展特点

国外的生态工程研究与处理的对象一般是按照自然生态系统来对待。如各类湖泊、草原、森林等，在自然生态系统中加入或构造原本没有人为结构，如水利设施与土壤改良等工程。西方生态工程的研究方法的贮备与应用，特别是定量化、数学模型化及其系统组分及机制的分析方面具有自己的特色。

四、说明

模拟自然生态系统中物质能量转换原理并运用系统工程技术去分析、设计、规划和调整人工生态系统的结构要素、工艺流程、信息反馈关系及控制机构，可以获得尽可能大的经济效益和生态效益。它是建立在生物工艺、物理工艺及化学工艺基础上的一门系统工艺学。

在生态系统演替过程中，有两种基本功能在起着重要作用：一是通过生物或子系统间相互协调形成的合作共存、互补互惠的共生功能；另一个是以多层营养结构为基础的物质转化、分解、富集和循环再生功能。这两种功能的强弱决定了生态系统的兴衰及其稳定性。生态系统动态过程中，通常包含复杂的物理作用、化学作用和生物作用；其中生物起着传递者、触媒乃至建造者的作用。生物在长期演化和适应过程中，不仅建立了相互依赖和制约的食物链联系，而且由于生活习性的演化形成了明确的分工，分级利用自然提供各种资源。正是由于这种原因，有限的空间内才能养育如此众多的生物种类，并可保持相对稳定状态和物质的持续利用。把自然生态系统中这种高经济效能的结构原理应用到人工生态系统中，设计和改造工农业生产工艺结构，促进系统组分间的再生和共生关系，疏通物质能量流通渠道，增加资源利用的深度及广度，减少对外部"源"和"汇"的依赖性，促进环境和经济持续稳定发展，是生态工程的基本目标。近十年，我国城乡建设中出现了各种不同类型的生态工程雏形，如：

（一）物质能量的多层利用工程

模拟不同种类生物群落的共生关系，包含分级利用和各取所需的生物结构，如利用秸秆生产食用菌和蚯蚓生态工程设计。秸秆经过糖化过程制成家畜喜食的饲料，再用家畜排泄物及残渣来培养食用菌；生产食用菌后的残余菌床又可用以繁殖蚯蚓，或与无毒有机废物及生活污水混合以生产沼气；最后把利用后的残物返回农田，这样就可以分级地充分利用其中的能量。这种分级利用的工艺不但可生产食用菌和蚯蚓及沼气，还可以充分发挥秸秆的肥效。

（二）桑基鱼塘的水陆交互补偿工程

桑基鱼塘（或蔗基鱼塘）是中国广东农家行之有效的多目标生产措施。桑树通过光合作用生成有机物质桑叶，桑叶饲蚕，生产出蚕蛹及蚕丝（加工工艺中的物质转化），桑树的脱落物蚕沙施用到鱼塘，经过鱼塘内另一食物链过程，转化为鱼。鱼的排泄物及其未被利用的有机物沉积于塘底，经底栖生物分解后可成为桑树的肥料，返回桑基。这种交互补偿水陆物质的方式，广泛适用于沼泽及低湿地区。

（三）工业城市废物再生利用工程

工厂排出的余热，燃料释放的二氧化碳、二氧化硫和氮氧化物以及某些加工工业废液中的重金属，是广泛存在的导致环境污染的污染物。回收和净化此类物质，是城市建设及工业建设必须重视的社会问题。利用工厂余热（包括气热及水热）作为冬季住房的热源，已在许多城市实行。如能根据热系数，在工厂附近建造不同温梯度的温室，便可利用余热培植各种作物；作物的一部分制成饲料，饲养禽畜；禽畜排泄物施于农田或园林。而环境中林木还可吸收工厂燃料所产生的二氧化碳以及其他一些气态的及存在空中悬浮的废物。这种兼顾生产和环境保护的工艺，当做到基本不排污时，称为无污染工艺；若干这种工艺所构成的工程体系，称为无污染工程。另外，不少种陆生和水生生物可以吸附和富集某些微量金属物质，因而可以用作回收某种微量元素的活介质。

（四）区域污水多功能的自净系统

在结构复杂的自然生态系统中，往往同时在进行物质的富集与扩散、合成与分解、颉颃与加成等多种调控过程。在正常情况下，自然生态系统内部不易出现由于某种物质过度积累而造成的死亡，这是由于系统内具备自我解毒的机制（微生物）和解毒工艺过程（物理的、化学的作用过程）。即使由于某种物质积累破坏了系统的原来结构，也会出现适应新情况的生物更新。模拟这种复杂功能的工艺体系是今后解决和防止工业污染以及实现废水资源化的有效途径，是系统生态原理在环境保护中的应用，这种生态工程包括相互交错的食物链及三个方向的物质流与能流以及不同性质的输入与输出。

（五）多功能的农工商联合生产体系

把生态系统通过一定的网络结构和自调节功能而实现物质循环不已和生物生生不息的原理，应用到以农产品为原料的加工工业中，使农工业产品（包括副产品）在农工商发展中相互补偿原料，以保持该地区稳定的生产体系，减少废物，防止污染，并改善农村生态环境。农工商联合生产体结构模式应包括农、林、牧、副、渔业等一定范围的居民点设施；农、林、牧、渔、副业等的产品数量和加工工业的范围应与当地人口及计划产值保持相应的比例。此类型的农工商联合生产有机体系可作为现代化农村建设的模式之一。

第四节　环境变化与人类影响

世界上每个人的生存都离不开地球的生态系统及其提供的服务，例如供给食物、提供水源、调控疾病、调节气候、精神满足和美学享受。在过去的50年中，为了满足快速增长的食物、结晶水、木材、纤维和燃料需求，人类对生态系统改变的规模与速度皆超过了历史上任何时期同一时间段的情况。这种变化极大地促进了人类福祉水平的提高和经济的发展。但是，并不是所有地区或者所有人群都从这种变化中获得了收益，事实上，他们当中有许多是以上变化的受害者。而且人类从生态系统获得收益的所有成本直到如今才逐渐显现。

在我们对世界生态系统的管理当中，以下三个方面的主要问题已经显著地对某些人群（特别是穷人）造成了危害，除非这些问题能够得到解决，否则的话，他们将极大地减少生态系统提供给我们的长期受益。

第一，在评估的 24 项生态系统服务中，有 15 项（约占评估的 60%）正在退化或者处于不可持续利用的状态，它们包括淡水、渔业捕捞、净化空气和水源、调节区域和地方气候、调控自然灾害，以及控制病虫害等。对于这些生态系统服务丧失和衰退的代价如今还难以测算，但是已有证据表明以上代价非常大，而且正在上升。过去为了提高某些特定的生态系统服务，例如食物供给服务，结果导致许多其他生态系统服务已经退化。这种交换常常导致生态系统服务退化，其代价在不同人群之间发生转移，或者推给后代。

第二，据不完全确认的证据表明，人类对生态系统的改变正在加大生态系统发生非线性变化的可能性（包括变化加速、突变以及潜在的不可逆变化），这将对人类福祉产生重要影响。例如：暴发疾病、水质突变，沿海水域出现"死亡带"、渔业崩溃，以及区域气候变化等皆属于这种情况。

第三，生态系统服务退化的有害影响正在不合理地加害于贫困人口，使各类人群之间的不公平和悬殊逐渐加大，从而在某些情况下就成了导致贫困和引发社会冲突的主要因素。这并不是说提高食物产量等方面的生态系统变化无助于使许多人摆脱贫困和饥饿，关键是这些变化对其他个人或者团体具有损害，而且这种境况在很大程度上没有受到重视。在所有地区，特别是在非洲的亚撒哈拉地区，生态系统服务的状况与管理是影响减贫前景的一个主导因素。

生态系统服务退化已经成为实现国际社会于 2000 年 9 月份签署的千年发展目标的一个重要障碍，并且在未来的 50 年中这种退化可能造成的后果将会更加严重。尽管到 21 世纪中期预计人口增长的速度将会减慢，或者进入平稳阶段，但是，由于全球 GDP 到 2050 年将增加到如今的 3~6 倍，因为人类对生态系统服务的消费（在许多情况下属于不可持续的消费）将会持续上升。在 21 世纪的前半叶，生态系统变化的大多数直接驱动力不可能减弱，而且气候变化和过量的养分施用这 2 大驱动力的作用将进一步加强。

在实现千年发展目标方面面临巨大挑战的许多地区，恰恰也面临着严重的生态系统退化问题。居住于乡村的贫困人口，作为千年发展目标涉及的主要对象，他们往往最直接地依存于生态系统的服务，因而最容易因生态系统服务的变化而受到损害。进一步讲，如果人类遗存的大部分生态系统服务继续退化，那么在消除贫困与饥饿、改善卫生条件和环境可持续发展这些方面实现千年发展目标的任何进展都不可能实现。相比之下，健全的生态系统服务管理机制可以通过相互协作的方式在实现多重发展目标方面提供成本比较划算的机会。

气候变化、生物多样性丧失和土地退化，这些已经得到公认了的任一挑战其自身都十分复杂，对于它们之间通过相互作用而产生的一些综合问题更是没有简单的办法能够解决。过去为减缓和扭转生态系统退化而采取的行动已经取得了显著的效益，只不过这些成效没有抵消掉生态系统持续增长的压力和需求。然而，在未来的几十年中，人类没有巨大的行动空间可以减缓问题恶化的速度。

确保对生态系统进行可持续管理的一套有效对策，涉及体制、管理、经济政策、激励机制、社会因素、行为因素、技术和知识方面的巨大革新。在未来几十年的管理决策过程中，通过对各部门（如农业、林业、财政、贸易和卫生）的生态系统管理目标进行综合，加大政府和私有部门对生态系统管理的透明度和责任、削减不合理的各项补贴、尽量发挥经济手段和市场途径的作用、授权依存于生态系统服务或者遭受生态系统退化影响的有关人群进行参与、提高技术水平以期在不损害环境的条件下增加粮食产量、恢复生态系统，以及考虑各种生态系统及其服务的非市场价值这些方式都可以显著地减缓问题的严重程度。

第五节　环境生态工程与技术

一、生态技术

生态技术通常被认为是利用生态系统原理和生态设计原则，对系统从输入到转换关系与环节直到输出的全部过程进行合理设计，达到既合理利用资源，获得良好的经济及社会效益，又将生产过程对环境的破坏作用降低在较低的水平。

国外在生态技术上的理解基本上在于对环境无害及无污染的清洁生产技术与废物无害化与资源化技术，如何减少生产过程中废物产生与排放减量；废物回收、废弃物回用及再循环，并把生态工程等同于生态技术。

我国生态技术与工艺方面也提出了自己独到的模式，如加环（生产环、增益环、减耗环、复合环和加工环）、联结、优化本为相对独立与平行的一些生态系统为共生生态网络，置换、调整一些生态系统内部结构，充分利用空间、时间、营养生态位，多层次分级利用物质、能量、充分发挥物质生产潜力、减少废物，因地制宜促进良性发展。

二、生态工程技术应用

在农业生产中的应用，西方国家在 20 世纪 30 年代实现了农业生产的机械化、化学化后，使农业劳动生产率，农畜产品的产量大幅度提高，但是随着时间的推移，进入 20 世纪 60 年代以来，这种生产方法却带来了许多不可避免的负面影响及累积效应。卡尔逊在其所著的《寂静的春天》一书中对杀虫剂对环境与生物的破坏与影响做了深刻的分析。种植与饲养的动植物品种单一化加重了病虫害和杂草的发生与蔓延，大量化学物质的投入造成土壤、水体和农产品的严重污染，这些问题不但影响到农业生产的进一步发展，而且还威胁到农产品持续供应的可能性，为此西方发达国家提出了各种形式的替代农业类型，运用一些生态学原理与生态工程技术手段来提高资源的利用率来保护生态环境。

我国在农业生态工程的研究与进展取得了令人注目的成绩。1994 年我国政府制定、颁布了中国 21 世纪议程，明确指出要推进农业可持续发展的方式，就是生态农业建设。1993 年起动的全国的生态农业试点县，经过 5 年的建设，生态环境得到了较大的改善。土壤沙化的治理率为 60.5%，水土流失治理率为 73.4%，森林覆盖率为 30.5%，提高了 3.7%，废气净化率为 73.4%，废水处理率为 57.0%，固定废弃物利用率为 31.9%，比实施农业生态工程前有较大幅度的提高。

生态工程在环境保护中的研究与应用较为广泛。特别是体现了污染物的处理与利用，污染水处理与湖泊、海湾的富营养化防治更为突出。如在美国的俄亥俄州中，应用蒲草为主的湿地生态系统处理煤矿所排含有 FeS 酸性废水的生态工程。在瑞典也建立了若干污水处理生态工程，利用污水作为肥料，农田灌溉处理净化污水。在德国、荷兰、奥地利等国结合生态技术建立了各种各样的污水处理与净化工程。

第七章　水土保持生态文明建设思想

进行环境的生态文明建设不仅要从管理等方面进行治理，更重要的是提高思想方面的觉悟，本章便从人文社会的角度去进行分析。

第一节　水土保持生态建设概述

面对日益严峻的环境形势，应该进一步加强生态建设。在生态建设工作工作中，一方面要保护生态资源的循环再生能力，另一方面则要采取人工干预的方式进行生态修复。在我国的西北地区，水土流失现象较为严重，是生态建设中需要着重解决的问题，应该在水土保持方面，应用生态修复技术。水土保持生态建设的有效开展，对于优化地区环境以及推动地区经济发展均有着重要的意义和价值。

一、水土保持生态建设的主要目标

（一）增强环保意识

水土流失是一种自然灾害，地表土壤受到水力、重力、风力等自然因素的侵蚀，导致水土资源损失。与此同时，水土流失还与植被遭破坏、不合理耕种、过度放牧等人为因素有关。水土流失的发生，会导致土地生产力下降，破坏当地的生态平衡，引发淤塞河渠、水旱灾害等一系列环境问题。在水土保持生态建设中，需要增强社会大众的环保意识。加强对水土保持生态建设的宣传，提高大众对于水土流失的认知，并可以认识到水土流失的危害性，避免出现破坏植被以及过度开垦、放牧的行为，减少人为因素对于水土流失的影响。增强社会大众的环保意识，使其积极、主动地参与到水土保持生态建设建设中，为生态修复贡献力量。在甘肃省定西市，为了加强对水土保持生态建设的宣传，同时在生态修复中"听民声""汇民意"，生态环境部门开通了微信公众号和微博，作为生态环境保护宣传的途径。在"定西生态环境"（微信公众号）中，能够定期为公众推送有关水土保持生态建设的相关信息，更加公开、透明、开放的展开生态修复工作，让公众参与其中，对于推进水土保持生态建设优质积极的影响。

（二）重视植被保护

在水土保持生态建设工作中，应该将植被保护作为重点。增加植被的覆盖面积，可以利用植物在保持水土方面的功能，达到减缓水土流失的效果。植被的栽植，能够增强土壤的孔隙度，利于水分渗透，可以降低地表径流量。植被的根系则具有固结土壤的作用，能够有效抗击水力、重力、风力等自然因素的侵蚀。重视植被保护，以栽植植物作为生态修复的重要途径，用于保土减沙，缩减水土流失的面积。

（三）提升土壤蓄水保水能力

土地的蓄水、保水能力，需要土壤与植被共同发挥作用，影响着土地的生产能力以及抗洪涝灾害能力。不同类型的土壤结构，在蓄水、保水方面的能力也存在着显著的差异。在水土保持生态建设过程中，应该将提升土壤蓄水保水能力作为目标之一。在石灰岩山麓、冲积平原等区域，以黏土居多，具有良好的保水能力，但是通透性较差，可以通过深翻、施加有机肥等途径，增加土壤的通透性。该过程中，也可以采用秸秆还田、掺沙等方法。而在沙滩薄地、山岭薄地，以沙土为主，其保水能力较差，但也有着良好的通透性，施加有机肥、掺入黏土，有助于提升土壤的蓄水保水能力。

二、生态修复技术在水土保持生态建设中的应用

水土流失问题的发生，对于地区的生态平衡形成破坏，导致生物多样性的降低，并且对于当地的经济发展也会产生显著的负面影响。水土保持生态建设的开展，能够更好地保护地区生态资源，维护生态资源的循环再生能力，同时采取人工干预的方式进行生态修复，需要将科学、先进的生态修复技术应用其中，有效处理各类水土流失问题。

（一）生态系统退化的修复

生态系统具有能量流动、物质循环等功能，在自然状态下，物种多样化和功能完善化是主要的发展方向，逐渐形成成熟、稳定的生态系统。但是受到环境因素以及人为因素的影响，生态系统发生退化，其中，人类生产活动对于生态系统的干扰与破坏，是导致生态系统退化的主要原因，而水土流失是一种典型性的生态系统退化现象。在水土保持生态建设中，需要重点加强对生态系统退化的修复。定西市的水土保持生态建设，建立起具有拦泥减沙、拦蓄径流功能的综合防护体系，能够有效减少水土资源的流失。水土流失综合治理生态林项目的开展过程中，以打造森林生态作为目标，应用治理水土流失的科学办法，结合其他地区的先进经验。设计针阔混交、草灌混交等多种造林模式，栽植多种类型的树木和花草，实现生物多样性。

（二）过度垦殖的修复

在生态修复中，过度垦殖是需要重点关注的方面。定西市的水土保持生态建设，针对过度垦殖问题，采取了多种有效的解决方法。遵循国家政策，施行退耕还林。定西市在推进乡村绿化的同时，修建梯田，耕地基本实现了梯田化，既达到了治理水土流失的需求，减少水土资源的流失，又可以满足农业生产的需要，提升土壤蓄水保水能力，增加粮食产量。与此同时，定西市采取了封山禁牧的措施，发展舍饲养殖，避免出现过度垦殖的情况，用于保护生态，延缓生态系统的退化。过度垦殖的发生，对于农业生态系统形成了破坏，因此要采取改良土壤或改良作物品种等方法，同时加强对污染的治理。除了建设梯田之外，采取轮作修整耕、秸秆还田、种植绿肥等方法，对于农业生态系统的修复有着积极的影响。另外，定西市利用其风能资源优势，开发风电等清洁能源，建设其水土保持设施，提高了水土流失防治成效。

（三）水土保持性生态模式的构建

构建水土保持性生态模式，对于地区的生态环境保护以及经济发展有着积极的影响。在定西市的水土保持生态建设，实施立体化种植，充分考虑到当地的地形、地貌条件，模拟生态系统结构，形成循环经济产业链。在物质循环的过程中，生态环境得以改善，同时可以获得良好的经济效益。在水土保持生态建设的过程中，定西市的生态修复取得了显著的成效，当地的农业综合生产潜力显著提升。结合当地的土地资源条件，主要种植马铃薯、中药材等作物，打造特色农业产业，极大地增加了农民的经济收入。由此可见，水土保持生态建设对于环境保护和经济发展均有着重要的影响。

综上所述，水土保持生态建设的开展过程中，需要在增强社会大众环保意识、加强植被保护以及提升土壤蓄水保水能力的基础上，应用生态修复技术，有效缓解水土流失问题。针对生态系统退化问题，采取针对性的修复措施。同时减少过度垦殖问题，构建水土保持性生态模式。水土保持能力的提高，反映出生态修复效果的改善。生态修复与水土保持生态建设的全面推进，对于地区的环境保护和经济发展有着极为重要的意义和价值。

第二节　水土保持生态建设系统

一、水土保持生态建设系统研究分析

美国生态学家奥德姆认为，生态系统是包括特定空间中的全部生物和物理环境的统一体。这里所说的生态系统是自然生态系统。生态学研究已经表明，它具有自我更新、自我调节的自组织功能。复合生态系统是以人为主体的社会经济系统和自然生态系统在特定空间内通过协同作用而形成的耗散结构，即"社会-经济-自然"复合生态系统。在人类加强生态文明建设的条件下，它能够不断从外部环境中汲取物质流、能量流、信息流，以调节系统内部各局域的关系，并根据环境变化调整自身与外界的关系，具有优胜劣汰，适者生存的竞争机制，保证复合生态系统向优化方向演化；能够注重发展的整体性与和谐性，注意协调局部利益与整体利益、眼前利益与长远利益、经济建设与环境保护、物质文明与精神文明的关系，倡导合作共生，协同进化。这就是复合生态系统自组织。它通过不断改善自身功能，不断提高有序性，促进人类文明不断从低层次向高层次进化、升级。

人类文明的进化到如今为止经历了原始文明、农业文明和工业文明三个阶段。原始文明阶段，由于科学技术和生产力水平低下，人类对自然界的作用极小，地球上的植物、动物、微生物三者之间构成一种生产（植物）、消费（动物）和分解（微生物）三元结构的物资能量循环链，这就是当时的自然生态系统，它能够不断从外部环境汲取物资流、能量流、信息流，这些负熵流能够使它内部总熵减少，形成有序结构。正如弗·卡普拉所说："与单个的有机体一样，生态系统是一个自我组织自我调节的系统。"这个自组织过程，形成了空气清新、山川秀美的良好生态环境。但是，由于这一时期人文生态建设（生态文化、生态伦理、科学技术等）发展低下，因而原始文明处于低层次水平。

农业文明阶段，人类能够利用自身的力量去影响和改变局部的自然生态系统。如最早创造人类农业文明的古埃及人在水足土肥的尼罗河两岸兴修水利，种植粮食，发展渔牧。在中国，五千年传统农业为人类创造了灿烂的农业文化。但是，由于这一时期人类不合理地开垦、灌溉、种植，掠夺式开采自然资源，使地力下降，造成了生态平衡破坏。同样由于农业社会科学技术和生产力发展水平相当低下，人类没有能力抗拒自然灾害，没有能力使失衡的自然生态系统恢复平衡（即不能向自然生态系统输入负熵流），因而农业文明的进步同时也带来了局部自然生态系统熵的增加，复合生态系统的有序度仍然为低层次的水平，所以人们把农业文明称为黄色文明。

工业文明兴起，人类开始利用先进的工具、技术，不顾一切地掠夺开发各种自然资源，并把废弃物抛弃到周围环境之中。工业文明带来的资源短缺、环境污染、生态破坏是前所未有的，故人们把工业文明称为黑色文明。从熵理论来说，工业文明的发展是汲取了自然生态系统的负熵（包括物资、能量等自然资源），而将正熵（废弃物）抛给自然生态系统。正是这些正熵导致了自然生态系统的总熵增加，使它从有序向无序方向演化，引起了全球性问题。可见，工业文明时期，由于不注重生态文明建设，导致复合生态系统向无序方向退化。所以我们只有运用耗散结构理论研究人类文明的历史过程，才能真正认清生态文明建设的意义。

生态文明是继工业文明之后的一种新型的文明形态，它以人和自然和谐统一为基础，以绿色技术为手段，以人对自然的自觉关怀为准则，以先进的生产方式和合理的社会制度为物质制度保障，致力于现代化的自然生态建设和人文生态建设，提高生态环境质量。生态文明建设是向"社会 - 经济 - 自然"构成的复合生态系统输入负熵流，使其总熵减少，自组织进化。美国学者詹奇的自组织宇宙观认为进化着的自然的动力在于自组织，自组织是自然进化的普遍的动力学原理。自组织存在于所有层次的耗散结构中。

生态文明建设对人和自然协调发展、复合生态系统向更高层次有序运行、自组织进化过程具有重大作用。社会、经济、生态的可持续发展必然要求加强生态文明建设。

二、针对我国的水土保持生态建设系统研究分析

早在远古时期，人类结合农业生产早已对水土保持有所认识。公元前 956 年，中国《吕刑》中就有"平水土""平治水土"的记载，而涉及水土保持治理的文献则最早出于《国语》（公元前 550 年）："古之长民者，不堕山，不崇薮，不妨川，不窦泽"。新中国成立后，我国政府对水土保持工作十分重视，50 多年来取得了很大的成绩。

政策法规。20 世纪 90 年代初，我国的水土保持步入依法防治的轨道，政府采取了一系列重大政策措施。全国人大常委会于 1991 年 6 月 29 日颁布了《中华人民共和国水土保持法》，用法律形式明确了我国水土保持工作的地位和作用，并进行了法律规范。这部法律总结了几十年来我国水土保持正反两方面的实践经验，对人们导致水土流失的不合理行为，进行了法律的约束和规范，要求人们自觉保护自然资源。为进一步贯彻好水土保持法，我国于 1992 年 8 月，颁布了《水土保持法实施条例》。1998~2000 年我国先后批准实施了《全国生态环境建设规划》《全国生态环境保护纲要》，对 21 世纪初期的水土保持生态建设做出了全面部署，并将水土保持生态建设作为中国实施可持续发展战略和西部大开发战略的重要组成部分。

组织结构及管理。我国水行政主管部门主管全国的水土保持工作。县级以上地方人民政府批准的水土保持规划，须报上一级人民政府水行政主管部门备案。水土保持规划的修改，须经原批准机关批准。政府高度重视水土保持科研工作，不断提高水土保持科技含量，建立了一批科学研究和试验机构，如中国科学院的水土保持研究所、沙漠所、地理所、滑坡泥石流研究所以及各省、县的科研站、所，共计有 120 多个水土保持科研单位，取得了大量的科研成果。

水土保持生态建设方式与方法。根据现有史料文献记载，中国商代人们采用区田法来防止坡地的水土流失。此法颇像今日旱地区农民应用的掏种法和坑田法。西周和

春秋时代，在技术力量低下和地广人稀的环境下，人们只是将山林、荒地、沼泽、低湿地、盐碱地等许多难以治理的土地，安排不同的用途，并加以保护，防止水土流失和水旱灾害。从秦统一六国（公元前2世纪）之后，随着山区耕地的大量开垦，农民针对坡耕地水土流失的问题，创造了区田、梯田等既能保持水土，又能增加产量的垦田技术。为防止农田冲蚀，提高抗旱能力，出现了大量的山间坡塘。黄河上中游地区的人们创造性地利用洪水、泥沙，发展了引洪漫地和打坝淤地技术。20世纪初开始，中国就进行了对水土流失规律的初步探索，为开展典型治理提供了依据。

1949年以后，中国政府十分重视水土保持工作，在长期实践的基础上，形成了以小流域为单元、全面规划、综合治理的经验。开展了以长江、黄河等流域中上游地区的水土保持重点工程建设，实施了天然林保护工程，为治理风沙还先后实施了三北防护林工程和环北京地区防沙、治沙工程。为充分调动民众治理水土流失的积极性，国家制定优惠政策，采取承包、租赁、股份合作和拍卖"四荒"（荒山、荒沟、荒丘、荒滩）使用权等措施，调动社会各界参与防治水土流失，同时，努力扩大对外交流与合作，争取世界银行、其他国际金融机构及政府间援助开展水土流失治理工作，积极引进国外先进技术和管理方法，加强水土保持的国际合作与交流。

资金投入。中国水土保持项目所需资金采取多层次、多渠道的方式进行筹集，一般包括中央财政资金，部门集体和农民群众自筹资金及其他资金。如今中国实行积极的财政政策，利用国债资金开展了大规模的生态建设，在长江上游、黄河中游以及环北京等水土流失严重地区，实施了水土保持重点建设工程、退耕还林工程、防沙治沙工程等一系列重大生态建设工程。

治理成效。我国通过50多年长期不懈的努力，水土保持也已取得了显著成效。全国共修建加固堤防26万公里，建成大小水库85万多座，初步控制了大江大河的常遇洪水；形成了5800亿立方米的年供水能力，灌溉面积从1600万公顷扩大到5467万公顷；累计治理水土流失86万多平方千米，其中修建基本农田1300万公顷，营造水土保持林4300万公顷，经济林和果树林470万公顷，种草430万公顷，建成数百万座小型水利水保工程。这些设施的兴建，在促进国民经济发展、抗御自然灾害、提高人民生活水平、改善生态环境等方面发挥了巨大的作用。我国以占全球6%的可更新水资源、10%的耕地，支持了占全球22%的人口温饱和经济发展。特别是黄河中游地区经过多年的连续治理，每年减少入黄河泥沙3亿吨。通过水土保持措施累计保土426亿吨，增产粮食24923亿公斤，基本解决了水土流失治理区群众的温饱问题，生态效益、经济效益和社会效益都十分显著。

总体来说，我国的水土保持建设已经逐步实现了五大转变：一是由片面追求；短期效益，掠夺自然资源转变为恢复优化生态环境，建设生态农业；二是由注重治理下游转变为上下游标本兼治；三是由注重单一措施治理转变为以小流域为单元，山水田林路综合治理；四是由单纯追求防护性治理转变为防护与开发相结合治理；五是由单纯采取行政手段组织治理转变为采取行政、经济、法律相结合的手段，走出了一条具有中国特色的水土流失综合治理的路子。

综观全球水土保持生态建设，一些国家已经走过了先破坏后治理的历程，也有许多国家在生态环境保护上非常重视，至今仍保持着国家生态环境的优美。如英国和法国水土流失和土壤侵蚀并不严重，生态环境良好。尽管是在冬季，气候寒冷，但举目绿色，坡面平整，郁郁葱葱，环境优美，其水土保持生态建设工作已处于保护和进一步提高的阶段，和我国需要大面积地治理水土流失、进行生态环境建设形成鲜明的对比。

第三节　水土保持生态建设的社会分析

关于水土保持生态建设的社会分析，本节以城市水土保持为切入点进行分析说明。

一、城市水土保持生态环境建设的目的和意义

城市水土保持生态环境建设是为了解决在城市化过程中，因自然因素和人为活动造成水土流失而导致的城市生态环境恶化，城市整体功能衰减等一系列问题，主要是指减少城市水土流失，减小城市水土资源的污染，调节气候，净化空气，改善城市环境，保护生物多样性，优化生存条件，使城市资源得到合理开发和可持续利用。

城市是由社会、经济、环境3个基本要素相互作用、相互依赖、相互制约而构成的复杂的生态系统，三者的协调发展是城市可持续发展的本质。环境是人类赖以生存的条件，又是发展生产、繁荣经济的物质源泉。社会生产归根结底是从环境中获取资源，加工为人们所必需的生产生活资料，为人类创造物质文明和精神文明。生态环境是城市生态系统的物质基础，城市要获得持续性发展，必须有良好的环境基础。城市水土保持生态环境建设是以保护、改善和美化城市环境为目的的，因而在城市可持续发展中具有重要的意义。

二、城市水土保持生态环境建设的措施

城市水土保持生态环境建设的措施可分为管理措施和技术措施，根据解决的对象和内容不同，水土保持生态环境建设的措施布设层面不同。根据多年来的城市水土保持治理经验，归纳出如下治理措施。

（一）制定城市水土保持规划加强管理和监督

城市水土保持生态环境建设要结合城市发展规划及现状，做出城市水土保持规划和环境保护规划，以指导城市水土保持工作的逐步实施，避免走先破坏后治理恢复的老路。在城市的总体规划布局中，要充分考虑规划范围内的水、土资源的承载能力，影响和破坏区域范围内的水、土资源平衡为限。城市水土保持规划要注意搞好几方面的结合：一是同创建文明城市、卫生城市相结合；二是同城市开发、基础设施建设相结合；三是同建设生态环境，提高市民生活质量，旅游、观光、休闲相结合；四是同发展城市、城郊经济相结合。

水保部门要认真做好水土保持宣传工作，增强全民城市水土保持的意识；制定出适应城市水土流失的水土保持法，以法律法规条文形式强化城市水土保持，并在此基础上，健全城市水土保持监督体系，实行"开发一片、建设一片、保护一片"的方针；城市水土保持是一项投资较大，效益长远的社会公益性事业，需要全社会各部门的关心支持，相关部门应密切配合共同把关，把城市水土保持工作落到实处。

（二）建立城市水土保持生态环境监测预报系统

水土流失监测预报模型是定量化开展监测、评价水土流失环境危害和水土保持设施防治效益的核心。随着信息技术和计算机技术的发展，监测工具和监测手段得到进一步改善，但很少有成熟的微观监测模型可供应用和全面推广，尤其是监测定量化方面的困难。在监测领域，最为急迫的需要之一就是发展我国自己的侵蚀监测预报模型（包括区域监测模型、城市水土流失监测模型）。全国水土保持监测网络和信息系统的建设，将成为我国水土保持监测发展的框架。监测信息管理技术、观测技术的研究和应用推广，将与该项建设密切结合，进一步推动我国水土保持监测业务的开展，更好地支持国家和地方的水土保持规划、治理与监督工作，服务于各种公益性需求。

（三）完善排水系统解决城市缺水问题

在开发区内按照城市建设排水标准，兴建排水管网，使洪水能畅通排至外部河道，排水口汇入外部河道前还需设置沉沙池，减轻泥沙对外部河网的淤积，雨污管网分开，开发区周围如果是农田，还应该恢复原来的农田排水系统。对于缺水城市，可以通过下水道将大部分降水收集起来再利用，软地面降水下渗通过森林净化作用，将纯净水补充地下水。工业与生活污水经处理后再次利用，通过城市生态系统真正实现水循环利用，使生态系统水分基本达到平衡状态，从根本上解决城市水土保持问题。

（四）妥善处理、综合利用城市生活垃圾和同体废物

首先，通过合理规划和环保宣传等手段，减少生产建设及市民生活过程中废弃物和垃圾的排放量；其次是废弃物的再利用，通过对废弃物的转化，以达到"化害为利，变废为宝"的目的。例如太原钢铁公司在对约 1000 万 m^3 的废弃渣治理过程中，大搞

综合利用，走出了一条"以渣养渣、以渣治渣、综合治理、变废为宝"的好路子，在治理水土流失、改善城市环境的同时，还盈利 1.14 亿元。最后，将城市废弃物的处理与近郊水土保持工作结合起来。例如在近郊选择适宜的洼地和沟道，经过处理后填充废弃物，既妥善处理了废弃物的堆放问题，又解决了破碎地表易受侵蚀的问题。

（五）加大植树种草工作增加城市绿地面积

对城市弃渣堆积区、贫瘠废弃地，以保持水土、改良土壤为主要目的。栽植适应能力较强、能固氮、根系发达、易成活的树种或草种；对于短期内无法上马工程建设备用地，应采取临时性绿化措施；对于公路两旁以及城市边缘废弃地等，应通过一定的技术措施，合理利用土地选择适宜的树种、草种，进行绿化保护，以增加城市绿地面积，防止水土流失；对城市空闲地、裸露地、工程开发恢复地要及时植树种草，提高城市植被覆盖，确保城市足够的公共绿地和生态用地，同时对城市住宅、庭院、墙面、屋顶及建筑物进行绿化美化，防止水土流失，改善城市生态环境。

另外，对于旅游风景区需要在旅游淡季抓紧对被破坏的植被进行生态修复和裸地补绿，在保护原有植被的基础上，扩大和恢复植被的覆盖度，提高景区的森林覆盖率，减少园地和坡地的水土流失。总之，尽可能用软覆盖代替城市的硬覆盖，通过增加雨水入渗来增加土壤蓄水容量和控制裸露地面的水土流失。这样在防治水土流失的同时，城市生态环境也得到大大改善，城市的整体形象将大有改观，带来的社会效益不可估量。

（六）水土保持工程措施

城市的水土流失治理除采用生物措施外，也应采取适当的工程措施，尤其是在一般生物措施难以实行的区域，应根据具体情况采取拦渣、护坡、土地整治、防洪排水、防风固沙、泥石流防治等工程措施来控制水土流失，这也是对生物措施的必要补充和完善，更有利于发挥其两项措施的综合效益。如在开采场设立弃渣场，专门用来堆放废渣、弃土，并在堆放场四周砌挡土墙，防止弃渣流失；沿开采面边缘开截水沟，周围开设排水沟，形成完整的排水系统，并在排水口设置沉沙池，将泥沙流失尽量控制在开采区范围内。在路堤、路堑开边沟，坡顶和挖方边坡平台上开截水沟，组成路基排水系统，截排坡面径流；因地制宜，设置集流槽、纵（横）向排水沟、集水井、碎石渗沟及塑料排水管等及时排除路面积水，防止地表径流对路面的冲刷。

第八章 水土保持生态补偿及可持续发展

水土资源是人类生存的基础，因此必须建立水土保持生态补偿机制。本章主要就水土保持的生态补偿相关方面的内容进行阐述。

第一节 水土保持生态补偿基本理论

一、水土保持生态补偿的意义

水土资源是人类生存的物质基础，与社会经济和人们的生活息息相关，水土保持是保护生态环境的重要举措，可以有效地缓解经济发展和生态环境破坏之间的矛盾，促进人与自然的和谐发展，因此，水土保持生态补偿意义重大。第一，建立水土保持生态补偿机制让水土保持管理体系更加具体，为水土保持工作的有序开展提供了保证，提高了水土保持工作的效率；第二，建立水土保持生态补偿机制后，各地区可以获得政府下拨的治理资金，有效地解决水土保持工作资金短缺的问题，促进水土保持工作的顺利开展；第三，水土保持生态补偿机制的建立可以进一步强化水土保持工作，增强人们保护水土资源的意识，有效地推动了水土保持的进行。

二、水土保持生态补偿理论

水土保持生态补偿相对于生态补偿更加具有针对性，是针对水土流失导致的生态环境破坏而言的。水土保持生态补偿理论是基于生态学、环境经济学等衍生的理论。

（一）补偿主体

补偿的类型主要包含对上游生态的补偿、生态受益区对生态建设区的补偿、使用资源者对资源的所有者和开发资源受害者的补偿等。以上补偿主体中有的是较为具体和明确的，有的是不具体的。总之，补偿主体包括补偿方和被补偿方，且鉴于补偿主体明确与否各不相同，因此实施的补偿方式和步骤也要区别对待。

（二）补偿标准

补偿标准分为必要补偿和充分补偿两种。充分补偿是指要求补偿的价值不低于水土流失和环境恶化所造成的全部损失，也包括为了防治水土流失所采取的必要措施而发生的费用。水土流失造成的经济损失和水土保持的生态服务价值都是巨大的，但是环境破坏导致的损失无法准确计算，做到充分补偿难度很大。因此，关于水土保持生态补偿标准，要根据补偿一方的支付能力以及社会发展水平等进行综合考虑。

（三）补偿方式

水土保持生态补偿的方式较多，主要包含政策、实物、资金和技术等。政策补偿主要是指制定特殊的优惠政策，为治理提供优惠条件，如制定税赋优惠政策、"四荒"拍卖等政策；实物补偿主要是指对实施退耕还林、免耕和坡改梯等生态环境保护政策造成相关农户的损失进行物质补偿，如粮食补贴、化肥和除草剂补偿、机械设备补偿等；资金补偿主要是通过国家财政补贴对生态保护和治理提供一定的支持，如项目支持、中央财政转移支付等；技术补偿主要是水土保持方案实施后，组织人员进行相关知识的推广，包括水土保持耕作措施、舍饲圈养技术等。

（四）补偿原则

补偿原则主要有：明确受益主体后，对受益主体征收专项生态补偿基金，用来治理水土流失和环境污染。若无法明确受益主体，政府可以向有关群体强制征收税费，然后运用财政转移支付的方式实现补偿，支持和激励水土保持生态建设。

三、水土保持生态补偿机理和类型划分

（一）水土保持生态补偿机理

一般而言，从毫无生产能力的母质成为土壤要经历很长的时间。如以 1cm 厚度的母质成为土壤至少要经历 450a 左右的时间。土壤是衡量一个生态系统所蕴含的能量值、物质循环以及信息交流的重要因素，一旦土壤流失的速度过快，超过了母质形成土壤的时间，就会使得土壤所需要的能量和物质得不到补充，导致水土资源的流失。水土保持，一般采用物理、生物或者工程控制水土流失的速度，进而减少土壤能量和物质的流失，促进水土之间的物质循环，保护水土资源的平衡。

（二）水土保持生态补偿类型

根据水土流失的特点，一般将水土保持生态补偿划分为 3 个类别：预防保护类、生产建设类和治理类，见表 8-1。

1. 预防保护类。它主要适用于水土流失不是特别严重的植被覆盖率较高的地区。而这一类别水土保持补偿类型在长江中上游地区用得比较多。长江中下游地区地势比较低平且降雨比较集中，如图3所示，是我国地表水资源最为丰富的地区。一旦发生水土流失将很难得到恢复，因此针对长江中下游地区主要是预防保护为主。对一些可能会对试图资源造成严重破坏的行为要加以禁止或限制，通过制度建设，全面协调好长江流域经济发展与环境保护的矛盾。

2. 治理类。这类水土保持生态补偿类型适用于水土流失严重且生态环境恶化的地区，这些地区的水土流失往往由于自身的自然环境影响较大，无法明确的划分责任主体。就如今我国的水土流失地区现状来看，西北黄土高原比较适合这一类型，要加大水土治理力度田。黄土高原地表千沟万壑，地表裸露的黄土居多，黄土质疏松，容易受到冲刷，并且黄土高原植被覆盖率较低，植被的减水减沙效益低，更加剧了水土流失。针对该地区的水土流失特点，政府提出将继续以小流域综合治理、坡耕地水土综合整治、黄河粗泥沙集中来源区拦沙工程、淤地坝和水土保持示范园建设为重点，加强政府财政补贴和水土治理资金投入，同时提高社会投资力度，实现多方投入，使水土保持工作有效开展。

3. 生产建设类。这一类的水土保持补偿机制主要适用于资源比较丰富，适合生产建设的地区，在水土保持的基础上加强地区的生产建设，并促进生产建设单位及时治理水土流失，恢复受损的水土功能。位于长江上游的汉源县可以说是生产建设类水土保持生态补偿机制建设的代表。汉源县境内多山地，地形起伏和水文落差较大，且该地区降雨量较少，气候干燥，水土流失面积达到了1600多 m²，需要进行重点治理。最主要的是，该地区因为矿产资源丰富，矿山开采业十分发达，但是在进行矿山生产建设是对地表和植被造成严重的破坏，水土流失严重。同时，由于该地区的水电资源发达，建设了约70多个水电站，对水文资源造成了严重破坏，基于这两类的生产建设，更加剧了水土流失，给该地人们的生命财产造成严重损失，生产建设水土保持生态补偿机制建设势在必行，于是政府对此制定了相关的水土保持方案，但是需要进行审查才能正式施行。

表8-1 各类水土保持生态补偿主要特征

特征	预防保护类	生产建设类	治理类
水土流失特点	轻微；潜在发生可能性大；后果严重；恢复难度大	生产建设活动造成；过程短、强度大；危害严重；恢复难度大	比较严重；历史造成；危害大
水土流失形态	潜在发生	正在发生	已经发生
防治目标	维护现有水土保持功能	控制新增水土流失，减少人为活动影响；抑制水土保持功能受损	降低土壤侵蚀强度，修复已受损水土保持功能
防治对策	预防为主、保护优先	防治并重	综合治理
补偿流向	受益者向保护者和受损者	由破坏者向受损者	由受益者向治理者
补偿依据	保护与生产发展的机会成本	人为水土流失造成的外部成本	水土流失的治理成本
主要补偿途径	受益者付费	破坏者付费	政府投入，社会参与
补偿性质	增益	损益	增益
制度安排	激励	约束	激励

四、水土保持资金补偿机制的建立

（一）标准计算

以青海省为例，其水土保持资金补偿标准计算如下：从事矿产开采业、挖沙等生产建设造成的水土流失需要按照其开采的数量以及产品售价的 2%~5% 计算或者是按照其造成的水土流失面积 0.3~1 元 /m² 计算；在生产建设中丢弃废石、废土、废渣的按照求丢弃的物体体积 2~10/m³ 元 /m³ 计算；如果存在特殊情况的可按照丢弃物折算的产品产量计算，见表 8-2；破坏地区地貌或植被覆盖率造成的水土流失，按照破坏面积 0.2~0.5 元 /m² 的标准计算补偿费。

8-2　水土保持资金补偿标准计算

产品名称	收费标准	计算单位	产品名称	收费标准	计算单位
水泥	1.0	元/t	金	1.5	元/t
石灰	0.5	元/t	石膏	1.0	元/t
采石	1.0	元/m³	砖瓦	2.0	元/千块
烘炭	0.5	元/t	铅锌矿	5.0	元/t
锹矿	3.0	元/t	石棉	150.0	元/t

（二）机制的构建

1. 完善当前的水土保持法律法规

在我国国内而言，我国的水土保持法律法规是不完善且不严谨的，因此国家要完善当前的水土保持法律法规以及针对不同区域情况制定出完善的地方性水土保持法律法规。在法律法规中要明确水土保持的责任主体，哪些地区的那些人是水土保持的补偿者或者受益者，并对水土保持的补充标准做出统一的规划，通过责任划分和补偿标准，加强水土保持管理工作地有序开展。

2. 拓宽水土保持生态补偿的资金来源

水土保持不应是个人或某些单独集体的事情，而应该是全体公民的事情。因此，政府应通过建立生态保证金制度促进全体公民和企业共同参与到其中，从而拓展水土保持补偿资金来源。同时，政府还可以进行民间集资，将水土保持工程外包给相关的企业或个人，实现企业或个人的自我补偿；其次，政府还要加强对资源使用税的征收，对企业项目严重造成水土流失的资源使用加大税收标准，以规范企业行为；最后，还可以通慈善募捐的方式，由政府邀请企业参与募捐，从而拓宽水土保持生态补偿的资金来源。

3. 多方式进行水土保持补偿

政府的水土保持补偿方式不应该是一元的，二是要建立多元的补偿方式，真正实现多方式进行水土保持补偿。通过建立多方式水土保持补偿机制，可以使水土保持工作根据不同地区的水土保持生态补偿现状和特点建立不同的补偿机制。同时，政府可通过向水土保持地区输送资源管理人才来弥补水土保持补偿在资金和政策上的不足，从而提高区域水土保持工作效率。

4. 建立专门的生态补偿管理机构

在传统的生态补偿管理中，各个管理机构之间是断连的，一般都是分散管理，而无法进行集中管理，这样极大地降低了水土保持生态补偿管理的效率。因此，政府要建立专门的生态补偿管理机构，形成统一的管理系统，实现全国范围内生态补偿管理机构之间的相互联系、相互监督以及信息资源的共享，加强生态补偿管理机构管理工作的科学性和有效性。

五、水土保持生态补偿机制的执行

（一）划分重点保护区

可以将规模较大的森林和草地等划为保护区域，再结合相关部门的补偿规定给予合理的补偿。此外，还要将河流划为水土流失的重点保护区域，对于跨界河流要采用小片管理模式，同时需获取政府的环境保护支持。

（二）明确补偿主体和补偿原则

对于破坏生态环境者，需要支付相关环境治理和保护费用。具体费用根据污染程度进行核算，以便起到约束作用。对于保护生态环境的个人和单位，要给予合理的资金支持，逐步提升人们的环境保护意识。

（三）采用强制性措施

人们必须充分发挥国家政策的力量，有效落实水土保持生态补偿机制，同时要结合地方相关法律法规，使两者融合发展、相互推动。

六、水土保持生态补偿机制的完善

（一）加大宣传力度

相关政府部门要加大水土治理和环境保护方面的宣传力度，让大众了解环境破坏的危害性和水土治理的重要性，提高全社会对水土保持生态补偿的认知水平，让人们积极参与环境保护和资源保护工作，落实水土保持生态补偿政策。

（二）加大资金投入

水土保持生态补偿机制的有效运转是建立在充足资金的基础上，资金不足就会导致运转困难。政府相关部门可以向水土保持受益方征收补偿资金，以便对水土流失较为严重的地区进行合理补偿，进一步推动水土流失防治，同时要将补偿资金列为专项资金，由政府管理和规划。同时，经济发达区域可以建立生态补偿专项资金，以便帮扶经济落后地方开展水土流失治理工作。另外，还可以向矿产资源开采企业征收生态环境保护费，增加企业利用资源和破坏环境的成本，引导企业保护生态环境。

（三）完善相关法律法规

国家要制定和完善水土保持相关法律法规，明确各区域水土保持的责任主体，统一水土保持生态补偿标准，推动相关工作有效地开展。同时，相关部门要强化监督和管理，积极开展生态补偿工作，对于损害生态环境的企业和个人进行严厉处罚。

（四）生态补偿依据要准确

随着生态理念的提出和不断推广，人们逐渐认识到生态环境保护的重要性，开始积极保护生态环境。生态补偿要严格做好区域划分，明确重点保护区域，需要采用多元化方式。为了保证生态补偿的合理性，人们必须明确生态补偿的依据。生态补偿开展之前，需要进行规范的补偿事项调查，制定完善的补偿计划，以便顺利落实补偿工作。

（五）生态补偿程序要透明

生态补偿程序要实现透明化，让大众监督水土保持生态补偿工作，提升生态补偿工作的效率。同时，国家有关部门要建立统一的监督机构，监督生态补偿地源热泵处于最佳状态。中国幅员辽阔，南北温差较大，南北地区应采取不同措施来维护管道。北方可以增加加热辅助系统，以降低地源热泵的加热压力，改善机器运行的稳定性。南方可以使用冷却塔来减少地源热泵的负荷，确保使用寿命。

第二节　构建水土保持生态补偿法律制度的建议

一、我国生态补偿法律制度的现状及存在的不足

（一）如今我国生态补偿制度立法及实践的现状

21世纪以来，我国的生态补偿法律制度在多部环境法律、法规中有所体现，生态补偿也实践多年，但效果并不理想。以我国的"退耕还林"这项已推广多年的生态补偿工作为例，在执行过程中仍存在着"生态目标不到位"和"给农民的补偿不到位"的问题。前者表现在护林环节上，农民出钱出力但生态效益的动力不足，后者表现为

经济补偿没有及时全部兑现给农民，加上后续产业开发未跟上，一些地区尤其是少数民族地区出现了贫困面增大的趋势。作为中国第一个大规模生态补偿实践，"生态目标"不能实现，将影响到这一政策的成败。由于生态林的成长和生态效益发挥需要近十年的时间，生态效益又主要是公益性的，因此生态目标在其他目标中最为脆弱，很容易成为急功近利的牺牲品。而"经济补偿"落实不到位，不仅会使退耕还林难于持续或出现反复，还可能在一些地方加剧社会矛盾。这也说明，真正的生态补偿机制的建立是一种远比想象深刻的社会利益大调整和制度创新。

退耕还林政策只是我国建立生态补偿机制的一次实践，当然也取得了很大的成绩。但我国还有更多方面都需要生态补偿机制。如自 2010—2020 年这十年间，城市水源地的发展与保护的矛盾，江河上游水资源利用与中下游用水的矛盾，生态屏障的建设与投入的矛盾，喀斯特地区过度开垦导致的水土流失和沙漠化问题，草原过度放牧或过度耕种带来的风沙问题，以及自然保护区的保护问题等。虽然已有许多政策措施，但由于没能从机制上解决生态价值补偿问题，即使一些地方的保护与发展关系得到协调，也还有许多不稳定因素，影响可持续发展。这正是人们纷纷呼吁解决生态补偿问题的原因。

一是促进农民增收致富不明显，无论是天然林保护还是退耕还林工程建设，短期内都是没有直接效益产出的，其中水土流失严重的地区的生态林只能产生生态效益而没有经济效益，导致这些地区的农民增收困难；二是推动地方经济社会发展不明显，三是调动地方生态建设的积极性不明显，一些地方出现生态好，地方反而穷的反差现象。

（二）、我国生态补偿存在的不足

1. 立法落后于生态保护和建设发展的需要

立法落后于生态保护和建设的发展，对生态保护方式和新的生态问题缺乏有效的法律制度支持。生态科学发展日新月异，管理模式、经营理念和新的生态问题也层出不穷，有些很快就成为生态保护的重点内容或发展方向，应该尽快纳入法律制度范畴。而法律、法规则由于立法过程旷日持久、问题考虑面面俱到而远远落后于生态问题的出现和生态管理的发展速度。

2. 我国现有的生态补偿法律制度内容不全面

如生态难民（为保护生态环境而减产减收的贫困农民）、生态环境灾难问题（如野生动物伤害人、破坏庄稼等事件的预防、损失补偿和控制）的生存发展问题、生态环境保护和建设者的支付成本和受损利益长效补偿问题、环境资源开发与生态资源保护和相关利益者利益保护之间的矛盾等问题，我国现在均未有相应的制度安排。

3. 我国既有的相关法律法规规定也很不完善

我国依据现有的法律、政策开展了生态补偿试点，积极探索建立生态补偿长效机制"。如今，森林生态效益补偿基金制度全面建立，草原生态保护补助金机制迈出了实质性步伐，部分省市初步建立了流域生态补偿机制，中央财政对重要生态功能区的转移支付力度不断加大，干部群众逐步树立了生态补偿意识。

随着生态补偿试点的开展和深入，生态补偿工作面临的困难和问题也逐渐凸显，主要表现为：第一，补偿领域和主体、客体不明确，生态受益者与生态保护者之间的利益关系脱节；第二，补偿方式以工程项目补助为主，比较单一；第三，补偿标准偏低，影响了生态保护者的积极性；第四，补偿资金来源渠道较少，市场机制的作用没有得到充分发挥；第五，补偿资金使用不规范，缺乏有效的监督考核体系；第六，区域间补偿缺乏政策指导，省与省之间补偿方式尚在探索之中。

显然生态补偿机制的建立和完善需要法律制度保障。我国现有的生态补偿法律大多为生态补偿的原则性规定。例如，"国家设立森林生态效益补偿基金，用于提供生态效益的防护林和特种用途林的森林资源、林木的营造、抚育、保护和管理。森林生态效益补偿基金必须专款专用，不得挪作他用。""国家通过财政转移支付等方式，建立健全对位于饮用水水源保护区区域和江河、湖泊、水库上游地区的水环境生态保护补偿机制。""国家加强江河源头区、饮用水水源保护区和水源涵养区水土流失的预防和治理工作，多渠道筹集资金，将水土保持生态效益补偿纳入国家建立的生态效益补偿制度。"这些规定抽象性强，可操作性弱。

如今，我国与生态补偿有关的法律法规等共有 57 件。从这些文件涉及的补偿领域来看，以森林生态保护和矿区环境治理这两个领域居多；从这些文件的层级效力来看，属于国家级的法律和行政法律数量很少，超过一半数量的规范性文件是由地方人民政府制定的；从这些文件所规范的主体来看，有的涉及个人（比如森林领域的退耕还林），有的直接涉及企业（比如矿产资源开发企业），但更多的情况下是对地方人民政府提出要求；从这些文件的制定时间来看，大部分文件均制定于 21 世纪初。

通过对我国在森林、草原、流域、海洋、土地和矿区领域已经开展的生态补偿法律实践进行考察分析，可以归纳出以下几个特点：

第一，这些规范性文件和实践活动具有高度分散性。规范性文件的制定者包括中央人民政府和地方各级人民政府，大部分地方政府文件是对中央政府文件的细化，各地规定的内容大相径庭，非常分散。

第二，这些规范性文件和实践活动通常只专注于某个生态保护领域，体系封闭。在每个领域，补偿资金的来源和使用、补偿方式、补偿范围和标准等方面均不统一；并且经过一段时间的实践，每个领域已然形成了各自相对封闭的体系。由于生态系统的整体性，对这些领域的保护措施有交叉重叠的地方。例如，对水和流域的保护常常会与森林、草原、土地的保护交叉；对森林、草原的保护常常与湿地保护重叠。

第三，在这些规范性文件和实践活动中，生态补偿资金的来源相对单一和缺乏。

主要的资金来源是中央人民政府和地方各级人民政府。此外，在矿区生态保护领域，矿产资源开发企业需要提供资金用以开展土地复垦、矿区生态环境恢复等。

第四，在这些规范性文件和实践活动中，生态补偿金额的计算较为简单。在森林、草原等领域，通常以被补偿的森林、草原资源的面积为计算依据，按照事先确定的金额标准来确定补偿金额。在矿区生态保护领域，通常以矿产资源开发企业开发或销售的矿产资源数量为计算依据，按照事先确定的金额标准来确定补偿金额，但是实践中往往是很复杂的。

第五，在这些规范性文件和实践活动中，生态补偿的手段较为单一。主要通过税费、财政转移支付、补贴等行政手段完成。

4. 没有充分发挥市场作用

市场作为一种普遍的社会性力量，是生态环境补偿机制有效运转的关键，尽管政府是生态环境效益的主要购买者，市场竞争机制仍然可以在生态环境补偿中发挥重要的作用。政府完全可以利用经济鼓励政策和市场手段来提高生态效益。

当前我国的生态环境补偿实践还没有充分地发挥市场机制的作用，存在市场缺失的问题。主要表现在三个方面：一是手段缺失，由于我国实施生态环境补偿的市场机制不健全，基于市场交易的生态环境补偿的手段实施较为单一，实施效果并不理想。二是政策环境的缺失，我国长期以来的计划经济体质使得政策制订过程中的计划，规划的意识根深蒂固。即使制定了市场规划，也抹不掉计划的影子，同时，我国的市场机制起步较晚，市场还没有健全，与其他的领域的市场机制一样。生态环境补偿的实施同样缺乏完善的市场机制制度环境。三是交易平台缺失，生态补偿实践中缺乏的受损者和受益者谈判交易的平台，受损者和受益者难以进入市场并顺利通过谈判来解决利益的均衡。因此，必须根据我国的现状，适当的引入国外在生态补偿中的市场机制和竞争机制，来提高我国公民保护生态环境的积极性。从而进一步完善我国的生态环境补偿机制，逐步建立政府领导的社会参与和市场推进的生态补偿机制。

5. 补偿资金不足

中央财政转移支付是生态补偿的主要资金来源。如今中央政府在确定转移支付时，对生态环境事物的考虑不足，导致对生态补偿的转移支付力度不够，地方政府在承担生态环境保护和治理的事权上缺乏财力保障，影响了地方政府进行生态补偿的能力和积极性。

这主要表现在两个方面：首先，如今一般性转移支付规模占转移支付总体规模的比重较低，规模和程度远远不够；其次，在一般性转移支付的资金分配上，对生态补偿因素的考量不足。

如今中央对地方专项转移支付中并没有明确的生态补偿项目，大多是通过"退耕还林""退牧还草""天然林保护工程"等生态环境保护和治理项目的方式进行，在项目的设计、执行和管理等方面存在诸多问题。

我国如今还没有以生态补偿为目标而专门设立的环境税种。虽然有一些税收和非税收入在名义上是与生态补偿相关的，但是从其制度设计上看，大部分税费制度并没有考虑生态补偿因素。

在生态补偿标准上，我国的生态补偿项目理论上采用了以生态保护成本、发展机会成本为主的计算方法。但这些方法并不完善，而且在实践中往往只考虑生态保护成本，甚至连生态保护成本都不够，对因生态环境要求放弃的发展机会成本的考虑更是严重不足，更不用说给予合理的补偿。补偿标准过低，已成为制约地方生态建设和保护活动开展的主要障碍之一。

二、完善我国生态补偿法律制度

我国生态补偿法律制度由多种制度组成，是一个系统的制度，对现有制度进行完善，对缺失的制度进行创制和构建，我们既要面对我国的实际，也要借鉴他国的成功经验。认真总结世界各国在建立生态补偿机制方面所做的制度探索与实践经验，结合中国的实际，以期通过建立及完善我国生态补偿法律制度，建立我国环境友好型社会。

（一）确立生态补偿法律制度的原则

建立和完善生态补偿机制，必须认真落实科学发展观，以统筹区域协调发展为主线，以体制创新、制度创新为动力，坚持"谁开发谁保护、谁受益谁破坏谁补偿"的原则，因地制宜选择生态补偿模式，不断完善政府对生态补偿的调控手段，充分发挥市场机制作用，动员全社会积极参与，逐步建立公平公正、积极有效的生态补偿机制，逐步加大补偿力度，努力实现生态补偿的法制化、规范化，推动各个区域走上生产发展、生活富裕、生态良好的文明发展道路。

（二）构建全面系统的生态补偿法律制度

生态项目建设的顺利进行和生态环境管理的有效开展，都必须以法律为保障。为此，必须加强生态补偿立法工作，从法律上明确生态补偿责任和各生态主体的义务，为生态补偿机制的规范化运作提供法律依据。

建立全方位的生态补偿制度首先要围绕生态补偿机制中的责任主体，逐步完善政府的主导地位和作用。根据"谁开发谁保护，谁破坏谁恢复，谁受益谁补偿，谁污染谁付费"的生态补偿原则，处理好利益相关者之间的责任问题。根据公共产品在供给和消费过程中的外部性理论，在市场机制和"庇古税"的思路下，解决好生态补偿的内部化。加强生态系统服务价值评估方法的深入研究，准确量化对生态补偿进行量化并制定出合理的生态补偿标准。其次要解决好它的实现途径。如今，国内外广泛使用的途径主要包括市场调节、财政转移支付、保证金制度、协商机制等。实践中，应在充分调研的基础上，因地制宜地选择适当的途径并综合利用其他途径的便利之处，有计划地逐步尝试，并力图建立起生态补偿制度。同时，期待从政策和观念层面上给予积极的支持。

（三）加快建立完善我国税收法律制度

财政政策是调控整个社会经济的重要手段，主要通过经济利益的诱导改变区域和社会的发展方式。在我国的当前的财政体制中，财政转移支付制度和专项基金制度对建立生态补偿机制具有重要作用。

1. 财政转移支付制度应进一步完善

财政转移支付指以各级政府之间所存在的财政能力差异为基础，以实现各地公共服务的均等化为主旨而实行的一种财政资金或财政平衡制度。巨额的财政转移支付资金为生态补偿提供了很好的资金基础，财政转移支付是当前我国的最主要的生态补偿途径。但在我国生态补偿并没有成为财政转移支付的重点，不属于当前中国财政转移支付的 10 个最重要的因素（如经济发展程度、都市化程度、少数民族人口比例等）之列。

在制度上，我国财政部与生态环境保护相关的支出项目约 30 项，其中具有显著生态补偿特色的支出项目，如退耕还林、沙漠化防治、治沙贷款贴息，占支出项目的三分之一。就支持力度而言，到 2012 年底，中央财政对西部地区的财政转移支付达到了 3000 亿元，退耕还林、天然林保护、三北等重要防护林建设及京津风沙源治理、退耕还草等重点工程完成中央投资 409.95 亿元。但这些还远远不够。

地方政府也应尝试采取灵活的财政转移支付政策，激励生态环境保护和建设。将财力补贴政策、环境整治与保护补助政策、生态公益林补助政策和生态建设目标责任考核奖励政策等作为主要激励手段。将生态建设作为财政补偿和激励的重点，将重要生态功能区作为补助的重点地区，明确各项生态建设项目和工程的补偿支持力度，并与生态建设责任目标考核相结合，将生态补偿、政府绩效和生态建设联系起来。

2. 专项基金建设

专项基金是部门开展生态补偿的重要形式，林业、水利、农业环保等部门制定和实施了一系列项目，建立专项基金有利于对这些生态保护和建设的行为进行资金补贴和技术扶助，如农村新能源建设、生态公益林补偿、水土保持补贴和农田保护等。林业部门建立了森林生态效益补偿基金，当前资金来源于各级财政预算，广东省和浙江省对国家级重点生态公益林补贴标准为每年 120 元 / 公顷和 105 元 / 公顷。水利部门联合财政部门将"小型农田水利和水土保持补助费"的专项资金纳入国家预算，用于补贴扶持农村发展小型农田水利、防止水土流失、建设小水电站和抗旱等。但这些还远远不足，国家和各地方都应加大这方面的力度。

3. 环境、生态税费法律制度的构建

环境税（Environment Tax）和生态税（Eco-Tax）两个术语在内容上各有侧重，但从生态补偿的角度而言，二者并没有本质的差别，都是对开发、保护和利用生态环境、资源的单位和个人，按其对生态环境与资源的开发利用、污染、破坏和保护程度进行征收和减免的一种税收。生态环境税在西方国家已经比较成熟，瑞典、丹麦、荷兰、德国等国家都已经成功地将收入税向危害环境税转移。税种设置包括碳排放、垃圾填埋、硫排放、能源销售等。

我国如今没有纯粹的生态或环境税。增收生态补偿税，开征新的环境税，调整和完善现行资源税。将资源税的征收对象扩大到矿藏资源和非矿藏资源，增加水资源税，开征森林资源税和草场资源税，将现行资源税按应税资源产品销售量计税改为按实际产量计税，对非再生性、稀缺性资源课以重税。通过税收杠杆把资源开采使用同促进生态环境保护结合起来，提高资源的开发利用率。同时，加强资源费征收使用和管理工作，增强其生态补偿功能。进一步完善水、土地、矿产、森林、环境等各种资源税费的征收使用管理办法，加大各项资源税费使用中用于生态补偿的比重，并向欠发达地区、重要生态功能区、水系源头地区和自然保护区倾斜。另外，根据国际发展经验和一般的预测，我国如今的生态补偿费和环境资源费的最终走向将是转为生态环境税，当然由于税收规模和专业性限制，我国税、费并行的局面可能还会长期存在。我国的生态环境税改革除了设置生态环境税种外，应该具有以下方面的内容：

第一、类型上，对严重破坏生态环境的生产、生活方式，利用税收手段予以限制，如对木材制品、野生动植物产品、高污染高能耗产品等的生产销售征税。

第二、区域上，西部地区作为我国生态屏障区，为全国的生态环境安全提供了难以计量的生态服务功能，需要设置具有典型区域差异的税收体质，补偿西部的生态保护欲建设，体现"分区指导"的思想。

第三、对环境友好、有利于生态环境恢复的生产、生活方式给予税收上的优惠等。

生态税费是对生态环境定价，利用税费形式征收开发造成生态环境破坏的外部成本。生态税费的根本目的是刺激保护生态环境、减少环境污染和生态破坏行为，而不是创造收入。税费体制和财政政策结合在一起，可以从根本上改变市场信号，是建立生态经济的最有效手段。在生态补偿的领域里，生态税费初期可以为生态保护和建设筹措到必要的资金，使生态环境破坏的外部成本内部化，而长远目的也与生态税费的根本目标完全一致。

（四）建立健全生态环境补偿投融资制度

1. 推进环境生态保护融资多元化

要充分吸纳社会上的资金，通过多元化的融资方式，以满足我国环境生态保护投资的需要，而要吸纳社会上的资金，就要要求政府制定相关的激励措施。为个人、企业在

环境保护方面的投资提供保证，今后政府可以继续利用国债这一有力的筹资手段，解决资金缺口的问题，同时可以考虑发行中长期特种生态建设彩票或债券，筹集一定的资金，提供各种优惠政策。鼓励私人投资到环保产业，争取在股票市场中形成绿色的板块，提高金融开放度，透明度和资信度及加强投资制度的稳定性和一致性。创造良好的条件引进海外资金，积极吸引国外资金直接投资于生态项目的建设。另外，还要利用民间的各种力量，依靠其赞助、捐助等手段，为我国的环境保护工作顺利开展提供资金上的支持。

2. 生态环境保护投融资结构应合理和科学

在环境保护方面，农村与城市的环境保护投资应统筹安排，并给予合理的资金分配制度，同时，农村环境保护不仅包括生态和水，还包括土壤、噪声、大气等方面。而制定科学合理的农村环境保护投融资结构，有助于从全局上改变我国农村环境的质量，提升我国的农村新形象。

3. 要明晰生态环境保护投融资主体

如果环境保护投融资主体明确，就不会出现扯皮现象，要改善这一局面，要求我国各级政府尤其是县、市区、乡镇两级政府统筹管理，各执其责，明确责任，将环境保护工作落到实处。

4. 合理引导生态环境保护投融资

由于环境保护项目对社会资金缺乏吸引力，所以，政府应该发挥宏观引导的作用，制定有利于环境保护与个人投资、企业的条款和政策，以吸引社会资金为环保做出贡献，因此，发挥政府这只看得见的手，引导、协调、激励对保护环境方面的投入，有利于推动我国环境保护事业的发展。

（五）探索市场化模式

引导社会各方参与环境保护和生态建设。培育资源市场，开放生产要素市场，使资源资本化、生态资本化，使环境要素的价格真正反映它们的稀缺程度，可达到节约资源和减少污染的双重效应，积极探索资源使用权、排污权交易等市场化的补偿模式。完善水资源合理配置和有偿使用制度，加快建立水资源取用权出让、转让和租赁的交易机制。探索建立区域内污染物排放指标有偿分配机制，逐步推行政府管制下的排污权交易，运用市场机制降低治污成本，提高治污效率。引导鼓励生态环境保护者和受益者的间通过自愿协商实现合理的生态补偿。

（六）对各部门的规章进行协调，明确各方主体责任

如今，我国的资源开发与保护，生态环境的维护涉及发展改革、税务、农业、林业、财政、环境保护等多个管理行政部门，不同的行政部门在生态保护与维护资源可持续利用的方面都具有各自的职责，普遍带有强烈部门色彩。所以，在实际工作中存在这样的现象，即以部门的生态环境保护责任为目的进行相应的政策设计，并以国家

有关法律的形式将这些部门性的政策固化。比如在林业方面。我国已实施了有关生态环境补偿政策就有三北防护林营造、京津风沙源治理、生态公益林补偿金、退耕还林、天然林保护工程等政策。不可否认这些政策对减少森林资源破坏，修复生态环境和维护森林生态系统功能都发挥了重要的作用。但政策的实施效果并不尽如人意，存在着诸多的问题。尤其是利益部门化和部门利益化的问题。其他相关生态补偿的政策实践也不同程度地存在部门化的问题，因此，从提高制度实效的角度上来看，需要对如今的生态补偿相关制度进行客观的评鉴。在此基础上进行相应的修改和完善。减少和避免政策部门化的利益问题，以便达到更好的实施效果。

（七）提供科技和理论支撑

建立和完善生态补偿机制是一项复杂的系统工程，尚有很多重大问题急需深入研究，为建立健全生态补偿机制提供科学依据。例如，需要探索加快建立资源环境价值评价体系、生态环境保护标准体系，建立自然资源和生态环境统计监测指标体系以及"绿色 GDP"核算体系，研究制定自然资源和生态环境价值的量化评价方法，研究提出资源耗减、环境损失的估价方法和单位产值的能源消耗、资源消耗、"三废"排放总量等统计指标，使生态补偿机制的经济性得到显现。还应努力提高生态恢复和建设的技术创新能力，大力开发利用生态建设、环境保护新技术和新能源技术等，为生态保护和建设提供技术支撑。

第三节　退耕还林还草生态补偿

生态补偿关系的分析和生态补偿制度的建立和实施，是退耕还林还草区和由此而产生的生态收益区在区域可持续发展过程中的必然选择。实践证明，任何一个企业、一个区域在经济发展的过程中，都是利用本地的一种资源或者几种资源作为其生产产品的主要原料，或者利用本地的有利条件，外围区域的主要原料，构成企业产品生产或者区域经济发展的一个"联合体"，这种"联合体"的内部构成了直接或间接的一种潜在的价值关系。就退耕还林还草工程来看，同样，在其工程的内部和外部（相关区域），也将构成一种直接和间接的潜在与现实的价值关系。而这种价值关系对于促进两区的经济发展和生态环境发展都将产生重大的影响。因此，研究退耕还林还草工程，以及相关联的各种关系，确定在退耕还林还草工程实施过程中的作用，不仅在理论上具有一定的意义，而且在保护退耕还林还草工程，以及巩固其成果持续发挥其生态效益方面，都有重要的意义。

一、生态补偿制度的建立和实施是退耕还林还草工程效益持续发展重要的环节

（一）退耕还林还草生态补偿产生的基础

退耕还林还草生态建设需要苗木、草种、劳动力等投资，还需要适应这些林草种植的土地，这些谁来投资；生态环境得以改善，经济得以发展，这些又是谁来享受。投资与享受就构成了退耕还林还草工程的生态补偿的主要矛盾关系，也是生态补偿中补偿与被补偿最基本的内容。

（二）退耕还林还草生态补偿关系的不完善性

对于以生态环境建设为主的退耕还林还草工程已经进行了 10 余年，并且区域的林草建设的面积和覆盖度均已达到了既定的目标，然而对以植被建设为主并转入保护为主的任务才刚刚开始，任重而道远。从补偿与被补偿的关系角度，回顾 10 余年的林草植被建设和产业结构调整的历程，补偿者主体是国家，退耕还林还草区既是被补偿者（从表象上看是受益者）又是补偿者（贡献出大量土地用于生态建设），而其他的相关区域却成了既不进行生态建设投资，又享受退耕还林还草工程带来的生态效益的区域，这种现实的格局形成了退耕还林还草生态补偿关系的严重失衡和不完善性，如果继续持续这种紊乱的补偿与被补偿的关系，将造成退耕还林还草工程的保护功能低下，甚至造成退耕还林还草工程的破坏。

（三）生态补偿制度的建立和实施是维护退耕还林还草工程正常运行的重要环节

从前文简要对退耕还林还草工程生态补偿关系的分析中，不难看出现实在这种生态补偿关系的不完善性，甚至是一种扭曲性：投资者始终为投资者，受益者始终为受益者。从辩证唯物主义的观点来看，事物发展的过程都具有两面性的特点，既有利的方面和不利的方面，就退耕还林还草工程及其效益所涉及区域也好，企业也好，甚至个人也好，其个体内必然包含着投资和收益这对矛盾的统一方面，因此建立和完善退耕还林还草工程生态补偿制度是事物（退耕还林还草工程）发展的客观必然。生态补偿制度的建立和实施，并以"谁投资，谁收益；谁收益，谁投资"为生态补偿制度的基本内容，构建了退耕还林还草工程中的投资者和受益者的等同关系，这种关系对维护和推进退耕还林还草工程正常运行具有重要的作用。

二、退耕还林还草工程中生态补偿关系主要对象的确定

就当前的现状来看，在这项宏大的生态工程建设和运作过程中，谁是受益者（补

偿者）、谁是受损者（被补偿者），从表象上来看，受益者是国家，即国家是退耕还林还草生态补偿的主体，因为因家已经对退耕农民进行了退耕还林还草工程粮食和资金的补助；受损者是退耕还林还草区的居民，即退耕区域的居民是退耕还林还草生态补偿的客体，已经接受了国家响应的补助。而实际上长江上游和黄河上中游区域由于林草植被偏少造成的生态环境，引起的受益者和受损者并非上述简单的关系，而是一种错综复杂的矛盾关系，要理顺这种关系，就需要明确退耕还林还草主要解决什么问题，在解决这些问题牵连哪些区域、部门和个人。

退耕还林还草工程主要解决的是由该区域产生的重大生态环境问题，包括水土流失、沙尘暴等，同时还要解决该区域经济发展的问题。区域经济发展好坏是单一涉及退耕区域内部的问题，而水土流失和沙尘暴的危害，除涉及退耕区域外还涉及流域下游区域和下风向区域。从上不难看出，退耕还林还草工程的直接受益者为退耕还林还草区（因为已得到退耕还林还草工程的物质和资金资助，获得退耕后林草直接产生的生态效益），间接受益者为受水土流失影响的下游区和受沙尘暴侵袭的下风向地区；直接或间接受到影响的区域和企业包括下游（下风向）的农林牧生产部门、用水企业和城市，包括在这些区域生活和居住的所有人们。当然，在这种关系中国家应为受益最大的主体。受损者包括因家和退耕还林还草区的居民。

三、退耕还林还草工程中补偿与被补偿的内容与关系构建

退耕还林还草工程的补偿与被补偿关系主要对象确定后，我们再进一步讨论谁是直接受损者，谁是直接受益者。退耕还林还草工程都要落实到一定地域的，即落实到一定条件的能够种植林草植被的土地上，而这些土地恰恰是退耕区域居民种植的坡耕地，直接损失的是多年依赖的能够为其生产或多或少粮食的土地，而直接受益的还是退耕区域的农民，他们一方面得到国家退耕还林还草的粮食和资金的补偿，另一方面又可收获林草植被带来的一些林、果、牧业效益，可谓既是直接受损者又是直接受益者；退耕区域的地方政府，既不是直接受益者也不是直接受损者，他们在退耕还林还草工程中，没有得到任何物质和资金的补偿，反而成了当地退耕还林还草工程的组织者和协调者，因此诸多文献对退耕还林还草工程中对此问题有诸多的看法。

不仅如此，诸多文献还对退耕还林还草工程的后续保护问题有较多的探讨，焦点聚集在，当退耕还林还草工程的任务完成后，国家相应的补助没有了，经济林虽然能够生长一定的产品，也有一定的经济效益，但在生产的过程中，仍在管理、生产量、加工和销售等方面尚存在一定的问题，或者存在一定的未知数；如果退耕补助的粮食一旦取消，而退耕后的生态林已占用了大量的用于生产粮食的土地空间，如果退耕区域的粮食告急，生态林、草地和经济林能否维持？这些区域是否存在严重的返耕问题？

难以定论。因此，构筑退耕还林还草工程生态补偿结构关系，对于退耕还林还草工程的运行和保护至关重要。

（一）退耕还林还草工程区生态补偿的内容界定与关系构建

从上述分析中不难看出，退耕还林还草工程区生态补偿属于双重性的，即部分属于被补偿的，部分属于补偿的。从被补偿的方面分析，主要的被补偿项有：占有农民承包生产粮食的土地，解决这部分因生态林的占用而造成粮食短缺问题；其差值部分可能是被补偿部分或是补偿部分，可用经济林产品和粮食产品的产值来衡量，当经济林产品的产值高于等同面积退耕还林还草前粮食产品的产值为受益部分，亦可称为补偿部分，反之当经济林产品的产值低于等同面积退耕还林还草前粮食产品的产值为受损部分，亦称为被补偿部分。但从经济林生产的长期过程来看，经济林有一个林产品生产的衰败期，还需要考虑再一次栽植的过程中的资金问题，所以，这部分我们认为为被补偿项；苗木购置；劳务补偿；管护费；苗木补植及劳务费；农民转产补偿费；地方政府的协调组织费和因退耕还林还草工程造成的损失等。上述部分项目国家在退耕还林还草工程伊始就已经给予了一定的补偿，然而多数项目未能给予考虑。

从补偿（收益）的方面分析主要有：林下和林果产品的收益；以草为牧业资源发展畜产品的收益；减少风沙灾害获得清洁空气的生态收益；减少水土流失获得的水资源和土壤资源等生产性生态综合环境的变化进而发展区域农业生产的收益；减少水土流失造成的滑坡、泥石流自然灾害的收益；国家对某一不良生态环境建设优化后的效益收益等（退耕还林还草工程国家已先期投入大量的物质和资金）。

（二）退耕还林还草工程区以外相关联区域生态补偿的内容界定与关系构建

对退耕还林还草工程区而言，其补偿和被补偿范围的界限是比较明显的，而对退耕还林还草工程区以外的相关区域的界限难以划定。一个较大区域生态环境得以改善，其生态效益对相关区域产生的影响（诸如补充的湿度、氧气等）难以度量。本文仅以水土流失和沙尘暴影响的区域进行分析。

对水土流失造成的影响范围主要以流域为界限，退耕还林还草，扩大林地覆盖面积是保持水土、涵养水源，因此，流域以下补偿（收益）的方面主要是：涵养水源下游增加清水量或发展工农业，或城市用水等收益；减少因水土流失造成的自然灾害的生态收益。对沙尘暴影响的区域，其界定的范围的依据是以冬季风与退耕还林还草区的上下风向相关联，下风向的主要补偿（收益）的方面主要是：减少因沙尘、扬沙等天气造成经济损失的收益等。

四、退耕还林还草工程生态补偿中的界限界定

对被补偿区域的界限界定的范围是清晰的退耕还林还草区域,其补偿的量值部分国家已经确定了量化指标,对于应当补偿的部分尚在酝酿和探讨之中,对于地方政府的协调组织费,作者认为可按照所辖区域的实际退耕面积所补偿总量的一定比例考虑;因退耕还林还草工程造成的损失费,主要考虑已建工程和在建工程由于退耕还林还草工程需要停建产生的损失;退耕还林还草区农民的转产补偿费可按照退耕农户退耕量与相应减少农户劳动力的比例确定。

对补偿的区域的界定,除退耕还林还草区域外,我们按退耕工程可能影响的两个路径来考虑。

(1)以流域为界限。退耕还林还草工程减少水土流失、增加径流等产生流域效益问题与退耕还林还草区域下游区域有关,对下游由于水土流失堆积肥沃的土壤所产生的农业效益的历史原因我们暂且不考虑,主要考虑退耕还林还草后流域清水的增加量,据此按各区域、各个行业利用河流及河流附近的地下水量给予补偿;由于水土流失造成灾害减少的补偿量,可按照退耕还林还草后的河流洪涝灾害的减少的次数和灾害强度,同退耕前一定时段比较,确定补偿量,其定向的补偿量表达式可描述为:在降水条件基本等同的前提下,下游河流洪涝灾害(包括次数和强度)较退耕前一定时段减少的幅度越大,补偿量越多,减少的幅度变化越小补偿量越小。

(2)以上下风向为界限。退耕还林还草解决的沙尘暴问题属于上下风向的问题,补偿的问题主要考虑退耕还林还草区在退耕还林还草后的下风向所遭受的沙尘暴、沙尘和扬沙天气的减少量。

对补偿量值的确定方面,在退耕还林还草的技术层面上,国家已对部分被补偿项上有了明确的定论,但对生态效益层面上的补偿与被补偿问题上似乎在较长的一段时期内难以确定,但是确定的原则总体上应是以优良的生态环境因子的增加量,或以恶劣的生态环境因子(恶劣天气)减少量为重要指标,其中部分指标(如湿度、温度、沙尘暴、沙尘和扬沙天气等增减量)已在大范围内(影响区域)可以获得,部分指标难以在大范围内(影响区域)得到(林木的降尘量、吸收 CO_2 量、释放 O_2 量的增减量),这些因子现阶段只能在局部区域或在实验中才可获得,如果利用此方法获取得的数据作为生态补偿量估算的方法之一,可在有关区域相关部门设立有关因子的观测站进行观测,以此作为补偿量的估算依据。

五、生态补偿制度建立和实施与退耕还林还草工程生态效益的可持续发展

就如今情况来看，在全国有关区域开展浩大的退耕还林还草工程，在补偿与被补偿的关系中，国家成为唯一的既是补偿者又是被补偿者的一个主体，且就如今退耕还林还草这种补偿被补偿的这种简单的关系中，退耕还林还草的成果能够持续多久，仍是学界十分关心的重要的问题之一。因此，需要从多学科，比如从经济学、管理学、生态学，农业经济学等领域，深入探讨生态补偿中的补偿与被补偿的关系，以及量值方面，以长久地维护退耕还林还草所取得的伟大成果。

（1）尽快研究维护退耕还林还草工程成果的补偿与被补偿经济杠杆机制，用经济杠杆和机制来协调退耕还林还草工程主要过程的经济问题、生态问题和利益问题。国家在维护较大区域生态环境，改善较大区域恶劣的生态环境有行使补偿者的权利和义务，但不能作为唯一的补偿者，建立区域间、利弊关系间的有效联系机制，确定区域间、企业间和个人间的利弊关系的尺度，在此基础上，研究退耕还林还草工程，维护工程成果的补偿与被补偿的关系，也可在退耕还林还草工程所涉及的补偿和被补偿区，可率先考虑征收生态环境税，以确保退耕还林还草成果的持续发展和相关区域（企业、个人）的生态（或资源）利益不断增长的需要。

（2）正确处理补偿与被补偿区内、外部，各部门、个人之间的关系。有文献分析了在退耕还林还草的过程中，其补助资金直接到退耕农户，减少了中间环节，真正发挥了退耕还林还草工程资金的效率。但是，由于退耕还林还草工程尚需要县级政府予以规划和协调，而恰恰县级政府有没有任何用于该工程使用的协调费等，因此表现出县级政府有关单位工作难度大，或工作效率低，或应付工作等局面。实施退耕还林还草工程补偿与被补偿的经济杠杆机制，要科学地、合理地分配各部门、各企业和个人之间的资金比例。

（3）持续稳定退耕还林还草区域农户的最低生活保障，通过林草的增值的过程实行补助资金滚动的机制，加大退耕农户的自身造血功能。

（4）建立生态环境主要因子的监测力度，实施以"优"定补的生态环境补偿机制。在有条件的地方，扩大对主要生态因子的测定，如对各地沙尘暴、扬沙等天气的发生频度和能见度，空气中 O_2、尘埃等浓度，洪水和河流泥沙的增率等主要因素的监测，确定生态补偿的量化指标。

（5）建立退耕还林还草补偿的法制保障。生态补偿制度的建立并实施，需要法律法规作为运行的保障，因此，在建立和实施生态补偿制度的过程中，要建立相应的法律法规保障，以保障退耕还林还草的成果并持续运行。

（6）建立全民护林保生态的良好风尚。退耕还林还草工程的补偿与被补偿的关系

的确立和实施，是实现退耕还林还草工程持续发展的一个关键环节，然而，对退耕还林还草后期的工作仍然很艰巨，需要全社会的人们参与到护林、爱林、护草、爱草的实际工作中，因此，建立全民性的护林、护草、保生态的良好风尚，是持续发展和维护退耕还林还草工程成果的最有效的内容之一。

六、海南西部退耕还林还草生态补偿政策的效果评估

（一）海南西部自然环境与退耕还林（草）工程概况

1. 海南的自然环境与琼西地区生态环境存在问题

1984 年海南全岛开始实行封山护林和封山育林，1994 年全面停止采伐天然林。从此以后，积极防治土地退化和荒漠化，治理水土流失面积 2.4 万 h㎡。建成自然保护区 72 个，建立珍稀濒危物种繁育基地 46 处。生态环境质量有由中部向四周依次降低趋势，总体上处于良好状态。

海南西部的东方、乐东和临高全部、儋州北部和西部、白沙和昌江的西部气候炎热，降水偏少。因自然原因和人为破坏，林草植被减少。生态林的防风固沙、保持水土、涵养水源，保护生物多样性的生态功能已经降低，部分地区土地沙化退化严重，生态问题突出。

2. 海南实施退耕还林（草）等生态建设工程

经国家批准，海南省西部民族地区享受国家西部大开发各项优惠政策，海南省纳入国家退耕还林计划，建立生态公益林补偿机制。惠及西部 1.13 万 k㎡ 土地，200 多万人口。在生态补偿机制的多种途径中，财政转移支付是生态补偿最直接的手段，也是最容易实施、效果最明显的手段。

按照统筹考虑、突出重点、循序渐进和规范透明的原则，将全省各市县均纳入补助范围，并对有辖区纳入中部和西部山区国家级生态功能保护区的市县予以优先考虑。省财政拨付 2.57 亿元，用于退耕还林补助、种粮农民柴油化肥补贴、农机具购置补贴和森林生态效益补偿。近年海南省不断加强生态工程建设，生态转移支付规模不断扩大。

3. 海南西部地区生态补偿的案例

海南省昌江县王下乡群山阻隔、交通不便、信息闭塞，是昌江县最为偏僻的黎族山区。黎族村民祖祖辈辈都住在大山里，没有柴火就上山砍，想种果树就上山开荒，一直以来乱垦滥伐现象严重。由于客观条件限制，王下乡经济发展滞后，协调经济发展与生态保育成为此消彼长的两难问题。为此，海南省政府采取措施，从调整人地关系入手，对居住在霸王岭周边的王下乡村民进行生态补偿，促进区域可持续发展。首先，民政部门对全乡村民进行登门入户调查摸清了村民的生产、生活及土地等情况。然后，制定出实施细则。对重点生态公益林区内的王下乡村民按标准给予森林生态补偿资金

补助，补偿标准为每人每月33元。发放方式是为村民在当地邮政储蓄部门办理存折，然后将存折交到村民手中，每月初将补偿金打到存折里。经核算，昌江每月发放给王下乡群众的生态补偿金额达8.7万多元，每年发放金额逾100万元。昌江成为全省首个实施生态补偿制度的市县，对因禁止商业性采伐、垦山耕种而造成利益损失的林区内农民进行货币补助。

（二）退耕还林（草）政策效果评估

1. 现行的退耕还林（草）政策

①补偿制度。按照"退耕还林、封山绿化、以粮代赈、个体承包"的原则，向退耕农户无偿提供粮食现金和种苗费用。粮食和现金的补助年限，先按经济林补助5年，生态林补助8年，到期后可根据农民实际收入情况需要补助多少年再继续补助多少年。生态林一般占80%左右，经济林占20%。对超过规定比例，多种的经济林只补助种苗费，不补助粮食。

②种苗生产和供应。林业部门和农业部门负责种苗生产和供应的指导管理及种苗生产工作。建立以现有采种基地种子园和苗圃为主体的省、地、县、乡镇4级种苗生产供应体系，鼓励集体、企业和个人采取多种形式培育种苗，扩大种苗生产能力。

③造林技术和原则。坚持因地制宜，分类指导，实事求是，注重实效；坚持生态、经济和社会效益相统一；坚持政策引导与农民自愿相结合；依靠科技进步。

④造林种草质量检查验收。检查验收实行报账制，根据检查结果，严格兑现奖惩，建立退耕还林举报制度。

2. 退耕还林（草）政策效果评估

①评估方法

A. 野外采样与问卷调查

a. 调查样点的选择。以典型样区问卷调查为主，多点问卷调查和随访为辅，两者结合获取第一手数据资料。样点的选取主要考虑两方面的因素：一是地形地貌；二是行政区域。调查获取退耕还林典型区域的水土流失面积、治理的方式、步骤、费用、成效等数据。

b. 问卷调查的实施。问卷设计，农户调查问卷设计侧重于：农户家庭基本情况（耕地面积退耕地面积、家庭经济收入）；树种选择、作物种植；退耕还林的影响；国家政策的满意度；问卷调查，在东方昌江儋州选取有代表性的乡镇，每个乡镇选取退耕还林工作开展得较好和较差的村各3个，每个村再随机抽样调查40~50个退耕农户，掌握当地退耕还林的背景资料，现存问题以及农户对退耕还林的认识和看法。

B. 数据分析。收集地方统计年鉴资料、国家退耕还林政策以及相关的措施和方法方面资料，并借鉴退耕过程中的经验，运用Excel对调查资料进行汇总和分析。

②评估结果

A.退耕还林（草）政策的有效性。判断退耕还林（草）政策的有效性，首先要分析农民群众对政策的认可接受和欢迎度。从调查统计结果来看，琼西地区绝大多数老百姓对国家实施该项政策持赞成态度。琼西地区的百姓支持率达到了 85.7%，持反对意见的 5.7%，另外 8.6% 的人持无所谓态度。以上调查结果表明，退耕还林（草）政策已被琼西地区的农户普遍接受。较高的支持率和认可度是该项政策能够全面推广的基础。

对国家该项政策存有疑虑或暂时未持赞成态度的老百姓来说，52.9% 的人是因为担心国家政策多变，30.5% 的人认为退耕还林（草）在短期内得不到收益，12.3% 的人认为退耕还林不如种粮食效益好，只有 4.3% 的人认为不适宜种树才存在顾虑。不支持退耕还林（草）政策的老百姓中有 52.9% 担心粮食不够吃，31.7% 担心收入会下降，20.5% 的担心补贴不能正常兑现，还有 7.0% 的人担心退耕还林草后无事可做。要使这项政策保持长期性和稳定性，必须将政策的各项规定落到实处，真正使退耕还林（草）政策深入人心，深得民意。

B.退耕还林（草）政策的外部性。退耕还林（草）政策的外部性体现在退耕还林（草）的生态效益上。退耕还林（草）生态效益的大小取决于因地制宜种草植树、提高成活率和林草管护方面。

调查发现，农民对经济效益的偏好强于对生态效益的偏好。在生态林和经济林的选择上，地方政府和农民群众偏重于营造经济林。因而，评价退耕还林（草）政策的生态效益时需考虑：海南西部地区受干旱胁迫严重，要考虑草、灌在生态与环境建设中的作用，合理配置乔、灌、草的比例，避免单纯造林的种植模式；生态林短期效益差，农民更偏好种植经济林。试点阶段经济林的比例可以略高一些，然后逐步降低，最终符合国家规定的经济林占 20% 的标准；种苗质量是林草成活率的根本保证，在政策中应明确规定种苗质量检验办法，销售体制及监管体系。另外，林草管护是保障生态效益的重要环节，在政策中要明确林草管护办法和管护机制。

C.退耕还林（草）政策的主体性。农户是退耕还林的主体，因此退耕还林（草）工作的顺利开展依赖于农户的积极性。农户参与退耕还林的积极性取决于以下几个方面：补贴标准合理与否，从调查结果来看，琼西部地区平均每人每月约 33 元的现金补贴标准与当地农户所期望的补贴标准比较吻合，对于平均每人每月约 33 元的现金补贴标准，琼西地区约 68.4% 的农户基本满意，约 31.6% 的农户认为该标准偏低；基本口粮的保证，研究区部分农户承包的陡坡地较多，平地较少，陡坡地退耕后，基本农田的粮食生产不能自足，国家要兼顾粮食划拨和生活补助费发放，保证口粮供应，同时，还需加大基本农田建设资金和技术的投入；燃料问题的解决。薪柴、秸秆是当地农户烧水、做饭、取暖的主要燃料资源，退耕还林后，燃料缺乏成为影响当地农户日常生活的重要问题；产权政策的落实，国家政策规定农户拥有退耕地的产权，但对产权的年限、合法的转让形式等没有作具体的规定，使农户对产权认识只停留在概念化阶段，并未真正建立起产权意识。

D. 退耕还林（草）政策的导向性。退耕还林之后，农业剩余劳动力合理流动对实现脱贫致富，防止退耕反弹具有重要意义。琼西地区退耕还林（草）之后，大多数退耕农户对自己的前景感到担忧，其中有 39.2% 的农户在农村产业结构调整与升级中定位不明确。只有实现产业转型、解决退耕还林后剩余劳动力转移问题，退耕还林政策才能得到切实贯彻。但琼西地区因退耕农户文化水平低，缺少资金、技术，不懂经营管理，加上市场供求信息闭塞，影响退耕还林后产业结构的调整与升级。因此，在政策规定中应尽快出台优惠政策，扶持退耕地区调整农业产业结构，实现产业转型与升级，使农民逐步摆脱贫困，才能实现陡坡耕地退得下不反弹。

E. 退耕还林（草）政策的持续性。政策是否可行投入资金是否奏效政策能否持续不断地开展下去等，也是评估政策有效性的重要指标。从琼西退耕还林（草）政策落实情况来看，63.0% 的农户已经将陡坡耕地全部退掉，5.3% 的农户将陡坡地部分退耕，另有 31.7% 的农户的陡坡地全部未退。如今，琼西市县有关部门正在检查各乡镇落实退耕还林（草）政策落实情况，并将制定相应政策。

琼西的生态建设，经过十多年的反复倡导，尤其是退耕还林（草）政策的实施，农户的环境保护意识有明显提高。调查显示，支持退耕还林（草）政策的农户占 85.7%。农户的支持，为在琼西部地区持续推行该政策奠定了坚实的民意基础。

第四节　可持续发展理论概述

可持续发展理论（Sustainable Development Theory）是指既满足当代人的需要，又不对后代人满足其需要的能力构成危害的发展，以公平性、持续性、共同性为三大基本原则。可持续发展理论的最终目的是达到共同、协调、公平、高效和多维的发展。

一、基本原则

（一）公平性原则

所谓公平是指机会选择的平等性。可持续发展的公平性原则包括两个方面：一方面是本代人的公平即代内之间的横向公平；另一方面是指代际公平性，即世代之间的纵向公平性。可持续发展要满足当代所有人的基本需求，给他们机会以满足他们要求过美好生活的愿望。可持续发展不仅要实现当代人之间的公平，而且也要实现当代人与未来各代人之间的公平，因为人类赖以生存与发展的自然资源是有限的。从伦理上讲，未来各代人应与当代人有同样的权力来提出他们对资源与环境的需求。可持续发展要求当代人在考虑自己的需求与消费的同时，也要对未来各代人的需求与消费负起历史的责任，因为同后代人相比，当代人在资源开发和利用方面处于一种无竞争的主宰地位。各代人之间的公平要求任何一代都不能处于支配的地位，即各代人都应有同样选择的机会空间。

（二）持续性原则

这里的持续性是指生态系统受到某种干扰时能保持其生产力的能力。资源环境是人类生存与发展的基础和条件，资源的持续利用和生态系统的可持续性是保持人类社会可持续发展的首要条件。这就要求人们根据可持续性的条件调整自己的生活方式，在生态可能的范围内确定自己的消耗标准，要合理开发、合理利用自然资源，使再生性资源能保持其再生产能力，非再生性资源不至过度消耗并能得到替代资源的补充，环境自净能力能得以维持。可持续发展的可持续性原则从侧面反映了可持续发展的公平性原则。

（三）共同性原则

可持续发展关系到全球的发展。要实现可持续发展的总目标，必须争取全球共同的配合行动，这是由地球整体性和相互依存性所决定的。因此，致力于达成既尊重各方的利益，又保护全球环境与发展体系的国际协定至关重要。

二、基本要素

可持续发展定义包含两个基本要素或两个关键组成部分："需要"和对需要的"限制"。满足需要，首先是要满足贫困人民的基本需要。对需要的限制主要是指对未来环境需要的能力构成危害的限制，这种能力一旦被突破，必将危及支持地球生命的自然系统中的大气、水体、土壤和生物。决定两个基本要素的关键性因素是：收入再分配以保证不会为了短期生存需要而被迫耗尽自然资源；降低主要是穷人对遭受自然灾害和农产品价格暴跌等损害的脆弱性；普遍提供可持续生存的基本条件，如卫生、教育、水和新鲜空气，保护和满足社会最脆弱人群的基本需要，为全体人民，特别是为贫困人民提供发展的平等机会和选择自由。

三、探源沿革

可持续发展理论的形成经历了相当长的历史过程。20 世纪 50—60 年代，人们在经济增长、城市化、人口、资源等所形成的环境压力下，对"增长＝发展"的模式产生怀疑并展开讲座。1962 年，美国女生物学家 Rachel Carson（莱切尔·卡逊）发表了一部引起很大轰动的环境科普著作《寂静的春天》，作者描绘了一幅由于农药污染所事业的可怕景象，惊呼人们将会失去"春光明媚的春天"，在世界范围内引发了人类关于发展观念上的争论。

（一）缘于一个海洋生物学家对鸟类的关怀

在所有可持续发展大事记中，有一个美国女海洋生物学家的名字总会被提起，她就是莱切尔·卡逊（Rachel Carson）。这是因为在 20 世纪中叶她推出了一本论述杀虫剂，特别是滴滴涕对鸟类和生态环境毁灭性危害的著作——《寂静的春天》。尽管这本书的问世使卡逊一度备受攻击、诋毁，但书中提出的有关生态的观点最终还是被人们所接受。环境问题从此由一个边缘问题逐渐走向全球政治、经济议程的中心。在这之后，随着公害问题的加剧和能源危机的出现，人们逐渐认识到把经济、社会和环境割裂开来谋求发展，只能给地球和人类社会带来毁灭性的灾难。源于这种危机感，可持续发展的思想在 20 世纪 80 年代逐步形成。1983 年 11 月，联合国成立了世界环境与发展委员会（WECD）。1987 年，受联合国委托，以挪威前首相布伦特兰夫人为首的 WECD 的成员们，把经过 4 年研究和充分论证的报告——《我们共同的未来》（Our Common Future）提交联合国大会，正式提出了"可持续发展"（Sustainable?development）的概念和模式。"可持续发展"一词在国际文件中最早出现于 1980 年由国际自然保护同盟制订的《世界自然保护大纲》，其概念最初源于生态学，指的是对于资源的一种管理战略。其后被广泛应用于经济学和社会学范畴，加入了一些新的内涵，是一个涉及经济、社会、文化、技术和自然环境的综合的动态的概念。

（二）从"增长极限问题"的讨论中受到启发

地球环境的"承载能力"是否有界限？发展的道路与地球环境的"负荷极限"如何相适应？人类社会的发展应如何规划才能实现人类与自然的和谐相处，既保护人类，也维护地球的健康？试图回答这些问题是一个由知识分子组成的名为"罗马俱乐部"的组织。1972 年他们发表了题为《增长的极限》的报告。报告根据数学模型预言：在未来一个世纪中，人口和经济需求的增长将导致地球资源耗竭、生态破坏和环境污染。除非人类自觉限制人口增长和工业发展，这一悲剧将无法避免。这项报告发出的警告启发了后来者。从 20 世纪 80 年后开始，最早见诸《寂静的春天》中的"可持续发展"一词，逐渐成为流行的概念。

（三）国际化于世界环发大会

1987 年，世界环境与发展委员会在题为《我们共同的未来》的报告中，第一次阐述了"可持续发展"的概念。在可持续发展思想形成的历程中，最具国际化意义是 1992 年 6 月在巴西里约热内卢举行的联合国环境与发展大会。在这次大会上，来自世界 178 个国家和地区的领导人通过了《21 世纪议程》《气候变化框架公约》等一系列文件，明确把发展与环境密切联系在一起，使可持续发展走出了仅仅在理论上探索的阶段，响亮地提出了可持续发展的战略，并将之付诸为全球的行动。

（四）过去 100 年人类最深刻的一次警醒

可持续发展的思想是人类社会发展的产物。它体现着对人类自身进步与自然环境关系的反思。这种反思反映了人类对自身以前走过的发展道路的怀疑和抛弃，也反映了人类对今后选择的发展道路和发展目标的憧憬和向往。人们逐步认识到过去的发展道路是不可持续的，或至少是持续不够的，因而是不可取的。唯一可供选择的道路是走可持续发展之路。人类的这一次反思是深刻的，反思所得的结论具有划时代的意义。这正是可持续发展的思想在全世界不同经济水平和不同文化背景的国家能够得到共识和普遍认同的根本原因。可持续发展是发展中国家和发达国家都可以争取实现的目标，广大发展中国家积极投身到可持续发展的实践中也正是可持续发展理论风靡全球的重要原因。美国、德国、英国等发达国家和中国、巴西这样的发展中国家都先后提出了自己的 21 世纪议程或行动纲领。尽管各国侧重点有所不同，但都不约而同地强调要在经济和社会发展的同时注重保护自然环境。正是因为这样，很多人类学家都不约而同地指出，"可持续发展"思想的形成是人类在 20 世纪中，对自身前途、未来命运与所赖以生存的环境之间最深刻的一次警醒。

（五）从警醒开始付诸行动

当今世界，环境保护成了当代企业发展的口号。在能源领域，发达国家不约而同地将技术重点转向水能、风能、太阳能和生物能等可更新能源上；在交通运输领域，研制燃料电池车或其他清洁能源车辆已成为各大汽车商技术开发能力的标志；在农业领域，无化肥、无农药和无毒害的生态农产品已成为消费者的首选；在城市规划和建筑业中，尽量减少能源和水的消耗、及废水废弃物排放的"生态设计"和"生态房屋"已成为现如今发达国家建筑业的招牌。

（六）思想认同后的实践分歧

可持续发展理论的形成和发展过程中，在认知层面上发达国家与发展中国家达到了空前的一致，这也是 20 世纪在所有涉及发达国家与发展中国家的国际问题的讨论中所绝无仅有的。与此同时，人们也注意到，如今可持续发展的思想更多的是在发达国家中得到实践和探索。而在人类社会通往和谐发展的道路上，可持续发展概念的实施依然面对重重障碍。首先，南北不平衡是未来可持续发展的最大阻力。发达国家不仅通过两次工业革命获得了经济上的优势，而且在自然资源的占有和消费上达到了奢侈的境地。据经合组织统计，美国每年人均能源消费量达到了全球平均水平的5倍。发达国家享有工业革命的利益，却又力图回避与逃脱自身对全球环境应负的责任。这也成为全球可持续发展道路上的绊脚石。就发展中国家而言，追求自身进步与发展、提高居民生活水平的权利无可剥夺。但是，发展是否应该沿袭发达国家的"样板"？这也成为通往可持续发展之路上的困惑。典型的美国发展模式——大量占有和奢侈消费自然资源、同时大量排放污染——是否值得广大发展中国家仿效？这不仅在发展中国家，而且在日本和欧洲等这样的发达国家和地区，也都成为思考的热点。

四、主要内容

在具体内容方面，可持续发展涉及可持续经济、可持续生态和可持续社会三方面的协调统一，要求人类在发展中讲究经济效率、关注生态和谐和追求社会公平，最终达到人的全面发展。这表明，可持续发展虽然缘起于环境保护问题，但作为一个指导人类走向21世纪的发展理论，它已经超越了单纯的环境保护。它将环境问题与发展问题有机地结合起来，已经成为一个有关社会经济发展的全面性战略。具体地说：

1. 在经济可持续发展方面：可持续发展鼓励经济增长而不是以环境保护为名取消经济增长，因为经济发展是国家实力和社会财富的基础。但可持续发展不仅重视经济增长的数量，更追求经济发展的质量。可持续发展要求改变传统的以"高投入、高消耗、高污染"为特征的生产模式和消费模式，实施清洁生产和文明消费，以提高经济活动中的效益、节约资源和减少废物。从某种角度上，可以说集约型的经济增长方式就是可持续发展在经济方面的体现。

2. 在生态可持续发展方面：可持续发展要求经济建设和社会发展要与自然承载能力相协调。发展的同时必须保护和改善地球生态环境，保证以可持续的方式使用自然资源和环境成本，使人类的发展控制在地球承载能力之内。因此，可持续发展强调了发展是有限制的，没有限制就没有发展的持续。生态可持续发展同样强调环境保护，但不同于以往将环境保护与社会发展对立的做法，可持续发展要求通过转变发展模式，从人类发展的源头和从根本上解决环境问题。

3. 在社会可持续发展方面：可持续发展强调社会公平是环境保护得以实现的机制和目标。可持续发展指出世界各国的发展阶段可以不同，发展的具体目标也各不相同，但发展的本质应包括改善人类生活质量，提高人类健康水平，创造一个保障人们平等、自由、教育、人权和免受暴力的社会环境。这就是说，在人类可持续发展系统中，生态可持续是基础，经济可持续是条件，社会可持续才是目的。

作为一个具有强大综合性和交叉性的研究领域，可持续发展涉及众多的学科，可以有不同重点的展开。例如，生态学家着重从自然方面把握可持续发展，理解可持续发展是不超越环境系统更新能力的人类社会的发展；经济学家着重从经济方面把握可持续发展，理解可持续发展是在保持自然资源质量和其持久供应能力的前提下，使经济增长的净利益增加到最大限度；社会学家从社会角度把握可持续发展，理解可持续发展是在不超出维持生态系统涵容能力的情况下，尽可能地改善人类的生活品质；科技工作者则更多地从技术角度把握可持续发展，把可持续发展理解为是建立极少产生废料和污染物的绿色工艺或技术系统。

五、基本思想

（一）可持续发展并不否定经济增长

经济发展是人类生存和进步所必需的，也是社会发展和保持、改善环境的物质保障。特别是对发展中国家来说，发展尤为重要。如今发展中国家正经受贫困和生态恶化的双重压力，贫困是导致环境恶化的根源，生态恶化更加剧了贫困。尤其是在不发达的国家和地区，必须正确选择使用能源和原料的方式，力求减少损失、杜绝浪费，减少经济活动造成的环境压力，从而达到具有可持续意义的经济增长。既然环境恶化的原因存在于经济过程之中，其解决办法也只能从经济过程中去寻找。如今急需解决研究经济发展中存在的扭曲和误区，并站在保护环境，特别是保护全部资本存量的立场上去纠正它们，使传统的经济增长模式逐步向可持续发展模式过渡。

（二）可持续发展以自然资源为基础，同环境承载能力相协调

可持续发展追求人与自然的和谐。可持续性可以通过适当的经济手段、技术措施和政府干预得以实现，目的是减少自然资源的消耗速度，使之低于再生速度。如形成有效的利益驱动机制，引导企业采用清洁工艺和生产非污染物品，引导消费者采用可持续消费方式，并推动生产方式的改革。经济活动总会产生一定的污染和废物，但每单位经济活动所产生的废物数量是可以减少的。如果经济决策中能够将环境影响全面、系统地考虑进去，可持续发展是可以实现的。"一流的环境政策就是一流的经济政策"的主张正在被越来越多的国家所接受，这是可持续发展区别于传统的发展的一个重要标志。相反，如果处理不当。环境退化的成本将是巨大的，甚至会抵消经济增长的成果。

（三）可持续发展以提高生活质量为目标，同社会进步相适应

单纯追求产值的增长不能体现发展的内涵。学术界多年来关于"增长"和"发展"的辩论已达成共识。"经济发展"比"经济增长"的概念更广泛、意义更深远。若不能使社会经济结构发生变化，不能使一系列社会发展目标得以实现，就不能承认其为"发

展"，就是所谓的"没有发展的增长"。

（四）可持续发展承认自然环境的价值

这种价值不仅体现在环境对经济系统的支撑和服务上，也体现在环境对生命保障系统的支持上，应当把生产中环境资源的投入计入生产成本和产品价格之中，逐步修改和完善国民经济核算体系，即"绿色 GDP"。为了全面反映自然资源的价值，产品价格应当完整地反映三部分成本：资源开采或资源获取成本；与开采、获取、使用有关的环境成本，如环境净化成本和环境损害成本；由于当代人使用了某项资源而不可能为后代人使用的效益损失，即用户成本。产品销售价格应该是这些成本加上税及流通费用的总和，由生产者和消费者承担，最终由消费者承担。

（五）可持续发展是培育新的经济增长点的有利因素

通常情况认为，贯彻可持续发展要治理污染、保护环境、限制乱采滥发和浪费资源，对经济发展是一种制约和限制。而实际上，贯彻可持续发展所限制的是那些质量差、效益低的产业。在对这些产业做某些限制的同时，恰恰为那些质优、效高，具有合理、持续、健康发展条件的绿色产业、环保产业、保健产业、节能产业等提供了发展的良机，培育了大批新的经济增长点。

六、基本理论

（一）可持续发展的基础理论

1. 经济学理论

（1）增长的极限理论。是 D.H.Meadows 在其《增长的极限》一文中提出的有关可持续发展的理论，该理论的基本要点是：运用系统动力学的方法，将支配世界系统的物质关系、经济关系和社会关系进行综合，提出了人口不断增长、消费日益提高，而资源则不断减少、污染日益严重，制约了生产的增长；虽然科技不断进步能起到促进生产的作用，但这种作用是有一定限度的，因此生产的增长是有限的。

（2）知识经济理论。该理论认为经济发展的主要驱动力是知识和信息技术，知识经济将是未来人类的可持续发展的基础。

2. 可持续发展的生态学理论

所谓可持续发展的生态学理论是指根据生态系统的可持续性要求，人类的经济社会发展要遵循生态学三个定律：一是高效原理，即能源的高效利用和废弃物的循环再生产；二是和谐原理，即系统中各个组成部分之间的和睦共生，协同进化；三是自我调节原理，即协同的演化着眼于其内部各组织的自我调节功能的完善和持续性，而非外部的控制或结构的单纯增长。

3. 人口承载力理论

所谓人口承载力理论是指地球系统的资源与环境，由于自组织与自我恢复能力存在一个阈值，因此在特定技术水平和发展阶段下的对于人口的承载能力是有限的。人口数量以及特定数量人口的社会经济活动对于地球系统的影响必须控制在这个限度之内，否则，就会影响或危及人类的持续生存与发展。这一理论被喻为 20 世纪人类最重要的三大发现之一。

4. 人地系统理论

所谓人地系统理论，是指人类社会是地球系统的一个组成部分，是生物圈的重要组成，是地球系统的主要子系统。它是由地球系统所产生的，同时又与地球系统的各个子系统之间存在相互联系、相互制约、相互影响的密切关系。人类社会的一切活动，包括经济活动，都受到地球系统的气候（大气圈）、水文与海洋（水圈）、土地与矿产资源（岩石圈）及生物资源（生物圈）的影响，地球系统是人类赖以生存和社会经济可持续发展的物质基础和必要条件；而人类的社会活动和经济活动，又直接或间接影响了大气圈（大气污染、温室效应、臭氧洞）、岩石圈（矿产资源枯竭、沙漠化、土壤退化）及生物圈（森林减少、物种灭绝）的状态。人地系统理论是地球系统科学理论的核心，是陆地系统科学理论的重要组成部分，是可持续发展的理论基础。

（二）可持续发展的核心理论

可持续发展的核心理论，尚处于探索和形成之中。如今已具雏形的流派大致可分为以下几种：

1. 资源永续利用理论

资源永续利用理论流派的认识论基础在于：认为人类社会能否可持续发展决定于人类社会赖以生存发展的自然资源是否可以被永远地使用下去。基于这一认识，该流派致力于探讨使自然资源得到永续利用的理论和方法。

2. 外部性理论

外部性理论流派的认识论基础在于：认为环境日益恶化和人类社会出现不可持续发展现象和趋势的根源，是人类迄今为止一直把自然（资源和环境）视为可以免费享用的"公共物品"，不承认自然资源具有经济学意义上的价值，并在经济生活中把自然的投入排除在经济核算体系之外。基于这一认识，该流派致力于从经济学的角度探讨把自然资源纳入经济核算体系的理论与方法。

3. 财富代际公平分配理论

财富代际公平分配理论流派的认识论基础在于：认为人类社会出现不可持续发展现象和趋势的根源是当代人过多地占有和使用了本应属于后代人的财富，特别是自然财富。基于这一认识，该流派致力于探讨财富（包括自然财富）在代与代之间能够得到公平分配的理论和方法。

4. 三种生产理论

三种生产理论流派的认识论基础在于：人类社会可持续发展的物质基础在于人类社会和自然环境组成的世界系统中物质的流动是否通畅并构成良性循环。他们把人与自然组成的世界系统的物质运动分为三大"生产"活动，即人的生产、物资生产和环境生产，致力于探讨三大生产活动之间和谐运行的理论与方法。

七、发展内涵

从全球普遍认可的概念中，我们可以梳理出可持续发展有以下几个方面的丰富内涵：

（一）共同发展

地球是一个复杂的巨系统，每个国家或地区都是这个巨系统中不可分割的子系统。系统的最根本特征是其整体性，每个子系统都和其他子系统相互联系并发生作用，只要一个系统发生问题，都会直接或间接影响到其他系统的紊乱，甚至会诱发系统的整体突变，这在地球生态系统中表现最为突出。因此，可持续发展追求的是整体发展和协调发展，即共同发展。

（二）协调发展

协调发展包括经济、社会、环境三大系统的整体协调，也包括世界、国家和地区三个空间层面的协调，还包括一个国家或地区经济与人口、资源、环境、社会以及内部各个阶层的协调，持续发展源于协调发展。

（三）公平发展

世界经济的发展呈现出因水平差异而表现出来的层次性，这是发展过程中始终存在的问题。但是这种发展水平的层次性若因不公平、不平等而引发或加剧，就会因为局部而上升到整体，并最终影响到整个世界的可持续发展。可持续发展思想的公平发展包含两个纬度：一是时间纬度上的公平，当代人的发展不能以损害后代人的发展能力为代价；二是空间纬度上的公平，一个国家或地区的发展不能以损害其他国家或地区的发展能力为代价。

（四）高效发展

公平和效率是可持续发展的两个轮子。可持续发展的效率不同于经济学的效率，可持续发展的效率既包括经济意义上的效率，也包含着自然资源和环境的损益的成分。因此，可持续发展思想的高效发展是指经济、社会、资源、环境、人口等协调下的高效率发展。

（五）多维发展

人类社会的发展表现出全球化的趋势，但是不同国家与地区的发展水平是不同的，而且不同国家与地区又有着异质性的文化、体制、地理环境、国际环境等发展背景。此外，因为可持续发展又是一个综合性、全球性的概念，要考虑到不同地域实体的可接受性，因此，可持续发展本身包含了多样性、多模式的多维度选择的内涵。因此，在可持续发展这个全球性目标的约束和制导下，各国与各地区在实施可持续发展战略时，应该从国情或区情出发，走符合本国或本区实际的、多样性、多模式的可持续发展道路。

第五节　水土资源的可持续发展

我国是个水资源短缺的国家，并且在时间以及空间上分布十分不均衡。随着我国国民经济的迅猛发展，水资源在利用中有了各种问题，并且呈现出愈加严重的趋势，要缓解并且解决水资源的利用问题，必须实施水土保持并且走可持续性发展道路。

一、我国水资源的现状

（一）人均水资源的占有量少

我国是个缺水相当严重的国家，淡水资源的总量约为 28000 亿立方米，占全球所有水资源的 6%，仅次于巴西、俄罗斯以及加拿大，居世界的第四位，但是人均仅有 2300 立方米，仅是世界平均水平的 1/4、美国的 1/5，名列世界第 121 位，是全球 13 个人均水资源最为贫乏的国家之一。

除去很难利用的洪水以及散布于偏远地区地下水资源以后，我国现实的可利用淡水资源量只有 11000 亿立方米左右，人均的可利用水资源约是 900 立方米。20 世纪末，在全国 600 多个城市中，已经有 400 多城市存有供水不足的问题，其中较严重的缺水城市达到了 110 个，全国城市的缺水总量约为 60 亿立方米。2019 年，全国降水量和水资源总量比多年平均值偏多，大中型水库和湖泊蓄水总体稳定，全国用水总量比 2018 年略有增加，用水效率进一步提升，用水结构不断优化。截至 2020 年底，全国有海水淡化工程 135 个，工程规模达 165.1083 万吨 / 日，新建成海水淡化工程规模达 6.485 万吨 / 日。与此同时，随着人口的迅猛增长，到 2030 年我国的人均水资源占有量会从如今的 2300 立方米降到 1800 立方米，需水量将接近于水资源的开发利用量，缺水问题将非常严重。

（二）水资源在时空分布上不均衡

我国水资源其分布上有时空分布不均以及水土资源组合不平衡两个显著特征。总体上来说，南方人多、水多、地少；北方人多、地多、水少。我国北方的地区耕地面积占全国 58%，水资源量仅仅占全国总水资源量 19%；而南方耕地面积占有全国 42%，水资源量的占有量为 81%。北方水少而地多，水土资源极其不匹配。

我国水资源在时间上的分布变化也非常大，水旱灾频繁出现。我国处在世界的东亚季风地区，属于明显的大陆季风性气候，因此降水量与径流量在年内年际的变化都非常大，而且贫水区的变化常常大于丰水区。据统计，全国大部分地区持续最大的四个月降水量占了全年 70% 左右。大部分南方地区的持续最大的四个月径流量占有全年的径流量 60% 左右，华北和东北的很多地区可达到全年的径流量 80% 以上，持续性丰水或是持续性枯水很常见。

二、水利可持续发展的必要性

水作为人类赖以生存且无法替代的宝贵物质资源，是经济社会发展的物质性基础。经济发展以及人类的生产生活离不了水的给予与保障。水利包含有水资源的开发利用、兴利除害、水资源的节约、水资源保护等许多的内容，是国民经济与社会发展的首要基础性设施与基础性产业。但是，如今我国水资源在利用上存有诸多的问题，主要表现有：第一，人均的水资源占有较低，时空分布不够均匀，利用过于粗放。如今我国的总体供水量，不能符合社会经济快速发展需要。与此同时，我国水资源使用大多为粗放型，不关注节水，浪费相当严重。

到 21 世纪中叶时，我国人口接近到 16 亿，社会经济的发展需求达到并且接近发达国家的水平，对水的需求量将会进一步地增加，供需间的矛盾将尤为突出。第二，洪涝以及干旱自然灾害频繁发生。我国洪涝灾害较为频繁，几乎每年都会有所发生，加之我国的水利工程和城市乡村的实际防洪标准偏低，洪涝自然灾害造成损失相当严重。干旱灾害时有发生，造成巨大经济损失。今后随着经济社会的迅猛发展，一次灾害直接的损失将会不断地加大。第三，耕地中的有效灌溉面积较少，灌溉相关技术比较落后，水的使用率普遍较低。第四，我国现在的水利工程项目有很大一部分工程质量不是很高，设计的标准较低，部分的水利工程设施存在老化并失修严重，大中型的灌区项目工程配套不够齐全，导致工程项目效益的衰减，有的项目工程直至报废。第五，水污染问题较为严重，水环境问题特别突出。因此，只有保证水资源以及水利项目工程的可持续性利用，才能确保国民的经济是可持续性发展。只有保障了水利事业的可持续性发展，才能确保经济、人口、资源以及环境协调性发展。水利可持续的发展不仅是我国可持续发展的总体战略重要部分，又是国民经济及社会持续发展的关键基础与保障。

三、水土流失对水利的危害

（一）有效的蓄水量减低，容易出现旱涝灾害

水土流失直接后果就是使枯水季节的水量减低，严重之时水源将枯竭，河道将断流。具体的表现有两方面：第一，使土壤蓄的水量降低。土壤的颗粒间空隙占有土壤总体积 50%，这些空隙作为水分蓄存空间，是涵养水资源的关键地方。由于水土的流失，土壤追随水流去，贮水的空间就会随着其降低直至丧失，土壤的蓄水量因此会大大减少，容易出现土壤的干旱。从水文学角度来讲，加强了径流在年内的变化，枯水季节的水量减少就使洪水时节水量更多，容易产生涝灾。第二，水土严重流失导致丘陵地区水塘、湖泊、河道以及水库等出现泥沙淤积，有效的蓄水容积会因此减小，蓄水量会也相应地减少，影响到工农业的生产与发展和人畜饮水的安全。

（二）增加地表径流，加剧洪水泛滥

水土流失情况严重地区，植被作物大部分受到破坏，暴雨出现时，因地面的坡度大、植被的覆盖率较低、土壤的蓄存性能差，当降雨的强度大于土壤的入渗速度时，雨水将不及时下渗，迅速大量地出现地表的径流，瞬时产生山洪，加剧洪水的泛滥，极易出现人民生命财产损失的情况。

（三）致使水库堵塞，减低水利工程的效益

水土流失地区因为表层的土壤被裸露出来，在水力的不断侵蚀下，大量的泥沙同地表径流来到水库、堰塘以及江河。一方面，降低了有效的库容，减弱了水利项目工程的防洪抗灾能力，减短了水利项目工程使用寿命，甚至导致漫坝以及垮坝等自然灾害，降低了水利项目工程效益；另一方面，造成了沟渠江河的河床抬高，影响正常的行洪，导致洪水的宣泄与不畅，水位的上涨，容易产生严重的水灾。

（四）容易出现山体的滑坡、泥石流等地质灾害

水土流失地区因山高而坡陡，植被一旦破坏，一遇到暴雨，极易出现山体的滑坡以及泥石流现象，不仅冲毁了住房、交通、电力以及通讯等基础性设施，还将会冲毁农田以及小型水库等水利项目设施，严重之时还会影响到航运，从而给经济的快速发展带来危害。

四、水土保持在水利可持续发展中的重要作用

水土流失的危害相当严重，影响水资源的合理性利用，在某些程度讲，是中国头号的环境问题。阻止水上的流失，实施水土的保持措施，是如今唯一选择，尤其是在

水土流失情况严重、生态环境极其脆弱地区。水土的保持是预防水土流失，保护、改善以及合理使用水土资源维护并且提升上地的生产力，充分发挥利用水土资源的经济社会效益，建立优良的生态环境，综合合理的科学技术。具体上来说，水土保持是水利作用中的体现主要有两个方面：

一是减少洪涝灾害。水土的维护能够维持以及加大土壤入渗量，一些项目工程的水土维护措施还有拦蓄径流的作用，一方面汛期能够减弱洪峰，提升防洪防灾能力，另一方面，在枯水时节能够增补径流，减弱径流年际的变化。

二是水土维持能够减低水土的流失量，很多水土维持设施还能够有拦泥挡沙的作用，增加了塘库的蓄水能力，提升水利项目工程效益，减弱水库、湖泊以及河道等的淤积现象，延长了水库使用寿命。三是涵养水源。

结　语

　　随着经济社会的发展，人们对生态环境问题越来越重视，而水土流失是我国生态环境保护中比较突出的一个问题，不仅会给当地经济带来损失，还会对人们的正常生活造成影响。面对这一情况，我国逐渐加大了对生态环境的保护力度，水土保持与生态文明建设工作已成为推动我国经济持续向前发展的重要动力。

　　除此之外，水土保持还是生态文明建设的重要构成部分，在生态文明建设工作中，要将其放到各项工作的首要位置，在经济发展过程中，要尊重自然规律，规范各类生产活动，使水土保持工作在生态文明建设中发挥应有的作用。当然，我们也必须意识到水生态文明建设是一个长期性的工作，不可能一蹴而就，必须持续性地投入人力、物力资源，并针对相关问题，制定专门的解决措施，加大对于生态文明建设工作的宣传力度，增强广大群众的水土保持意识，健全水土保持监管制度，以此推动我国生态文明建设工作。因此，本文就水土保持与生态文明展开详细系统的研究，以期充分发挥水土保持在生态文明建设中的作用，深入贯彻落实可持续发展的相关理念，保证生态环境与人文社会能够友好共处，为进一步推动我国生态环境保护工作的有序开展做最大努力。

参考文献

[1] 戴云哲. 湖南省土地生态服务功能演化特征及优化路径研究 [D]. 中国地质大学，2019.

[2] 郑云辰. 流域生态补偿多元主体责任分担及其协同效应研究 [D]. 山东农业大学，2019.

[3] 吴淼. 生态导向下西安市城城乡空间发展模式及规划策略研究 [D]. 西安建筑科技大学，2019.

[4] 余俏. 山地城市河岸绿色空间规划研究 [D]. 重庆大学，2019.

[5] 蒲朝勇. 认真贯彻落实新时期水利改革发展总基调总思路推动水土保持强监管补短板落地见效 [J]. 中国水土保持，2019（01）：1-4.

[6] 余新晓，贾国栋. 统筹山水林田湖草系统治理带动水土保持新发展 [J]. 中国水土保持，2019（01）：5-8.

[7] 李敏，张长印，王海燕. 黄土高原水土保持治理阶段研究 [J]. 中国水土保持，2019（02）：1-4.

[8] 莫明浩，杨洁，涂安国，袁芳. 美丽乡村建设的实践探索与思考——以江西省水生态文明建设为例 [J]. 中国农村水利水电，2019（02）：30-33.

[9] 庞开娴. 生态文明建设中的水土保持监测 [J]. 河南水利与南水北调，2019，48（03）：7+12.

[10] 吴浓娣，王建平，李发鹏，孙嘉. 水土保持法制度建设现状、问题及对策建议 [J]. 中国水土保持，2019（04）：23-27.

[11] 薛祺，韩龙，贺璐，王彩彩，蒋相如. 水生态文明视角下水土保持型水利风景区建设路径初探——以米脂高西沟水利风景区为例 [J]. 水利发展研究，2019，19（03）：67-70.

[12] 程冬兵，周蕊. 生态水利内涵与水土保持的关系 [J]. 中国水利，2019（08）：49-51.

[13] 吴玫. 水土保持对生态修复建设的作用及措施 [J]. 吉林农业，2019（13）：48.

[14] 余明. 江西省生态文明建设中的水土保持技术作用探讨 [J]. 地下水，2019，41

（03）：205-206.

[15] 乔殿新.国家水土保持监测点发展思考 [J].中国水土保持，2019（06）：56-59.

[16] 彭旭东，戴全厚，丁贵杰，史东梅.基于生态文明和"双一流"建设需求的水土保持与荒漠化防治学科人才培养与教学改革——以贵州大学为例 [J].水土保持通报，2019，39（03）：286-290.

[17] 黄金权，孙蓓，张平仓，胡波，程冬兵.流域尺度水土保持系统化发展格局构建 [J].中国水利，2019（12）：37-41.

[18] 张怡.太湖流域水土保持监测工作支撑和服务水土保持强监管的思考 [J].中国水土保持，2019（07）：14-16.

[19] 鄂德立.生态文明建设背景下青海省水土保持重要性分析 [J].中国标准化，2019（14）：227-228.

[20] 江涛，冯兴平.水土保持规划的作用探讨 [J].园艺与种苗，2019，39（06）：82-85.

[21] 冯兴平，江涛.水土保持生态自然修复与生态文明建设的探讨 [J].园艺与种苗，2019，39（06）：91-94.

[22] 赵晓翠，王继军，乔梅，韩晓佳，李玥.水土保持技术对农业产业 - 资源系统的耦合路径分析 [J].生态学报，2019，39（16）：5820-5828.

[23] 杜文鹏，闫慧敏，甄霖，胡云锋.西南岩溶地区石漠化综合治理研究 [J].生态学报，2019，39（16）：5798-5808.

[24] 葛佩琳.濂溪区水土保持需求分析 [J].水土保持应用技术，2019（05）：25-27.

[25] 侯晓龙，蔡丽平，马祥庆，吴鹏飞，邹显花.基于三位一体途径的水土保持人才培养模式改革与实践 [J].科教文汇（中旬刊），2019（10）：89-91.

[26] 高健翎，高燕，马红斌，党恬敏.黄土高原近 70a 水土流失治理特征研究 [J].人民黄河，2019，41（11）：65-69+84.

[27] 王怡菲.陕西省渭河流域生态修复绩效评价研究 [D].西北农林科技大学，2019.

[28] 芦海燕.基于生态系统核算的流域生态补偿研究 [D].兰州大学，2019.

[29] 蒋晓娟.基于生态文明建设的国土空间优化研究 [D].兰州大学，2019.

[30] 袁鹏奇.基于生态安全格局的汝阳县域生态红线划定研究 [D].华中科技大学，2019.

[31] 王淑静.金沙江流域典型生态脆弱县土地生态安全评价研究 [D].云南财经大学，2019.

[32] 赵娜倩 . 山西省山水林田湖草生态保护修复试点区分区及管控研究 [D]. 中国地质大学（北京），2019.

[33] 何乃翔 . 基于 GIA 的夏河县生态空间调控网络和实施路径构建研究 [D]. 华中科技大学，2019.

[34] 廖小斌 . 生态文明示范区建设背景下的赣州市土地整治潜力研究 [D]. 江西农业大学，2019.

[35] 乔梅 . 陕北退耕区水土保持技术评估 [D]. 西北农林科技大学，2019.

[36] 林祚顶，李智广 . 2018 年度全国水土流失动态监测成果及其启示 [J]. 中国水土保持，2019（12）：1-4.

[37] 张利超 . 九江市水土保持区划及防治布局研究 [J]. 中国水土保持，2019（12）：61-63.

[38] 杨亚峻 . 水土保持与水生态文明的关系及其规划问题 [J]. 城市建设理论研究（电子版），2019（24）：49.

[39] 王云鹤 . 生态文明法治化的正义维度研究 [D]. 华中科技大学，2019.